FORSCHUNGSBERICHTE DES LANDES NORDRHEIN-WESTFALEN

Nr. 2792/Fachgruppe Hüttenwesen/Werkstoffkunde

Herausgegeben vom Minister für Wissenschaft und Forschung

Prof. Dr.-Ing. h.c. Helmut Winterhager
Priv.-Doz. Dr.-Ing. Wolfgang Krajewski
Institut für Metallhüttenwesen und Elektrometallurgie
der Rhein.-Westf. Techn. Hochschule Aachen

Das trockene Hochtemperatur-Oxydationsverhalten einer großtechnisch genutzten korrosionsfesten Kobalt-Chrom-Eisen-Legierung und die Einflußnahme von Metallen der Seltenen Erden im Hinblick auf eine Erhöhung der Zunderbeständigkeit im Temperaturbereich von 1000 bis 1300 °C

Westdeutscher Verlag 1979

CIP-Kurztitelaufnahme der Deutschen Bibliothek

Winterhager, Helmut:
Das trockene Hochtemperatur-Oxydationsverhalten einer großtechnisch genutzten korrosionsfesten Kobalt-Chrom-Eisen-Legierung und die Einflußnahme von Metallen der Seltenen Erden im Hinblick auf eine Erhöhung der Zunderbeständigkeit im Temperaturbereich von 1000 [tausend] bis 1300 °C [dreizehnhundert Grad Celsius] / Helmut Winterhager ; Wolfgang Krajewski. - Opladen: Westdeutscher Verlag, 1979.

(Forschungsberichte des Landes Nordrhein-Westfalen ; Nr. 2792 : Fachgruppe Hüttenwesen, Werkstoffkunde)

NE: Krajewski, Wolfgang:

© 1979 by Westdeutscher Verlag GmbH, Opladen

Gesamtherstellung: Westdeutscher Verlag

ISBN 978-3-663-00004-4 ISBN 978-3-663-00153-9 (eBook)
DOI 10.1007/978-3-663-00153-9

Inhaltsverzeichnis

1. Einleitung

1.1 Einführung in die Probleme der Hochtemperatur-Werkstoffe

Anlaß zur Entwicklung von Schwermetall-Legierungen mit hoher Warmfestigkeit waren neben dem Feuerungs- und Industrieofenbau Konstruktionsverbesserungen an Wärmekraftmaschinen. Die zu Erhöhung der spezifischen Leistung und Wirkungsgrade notwendig zu steigenden Betriebstemperaturen in Wärmekraftmaschinen bzw. deren Zusatzaggregaten waren und sind die Gründe der Weiterentwicklung geeigneter Werkstoffe.

Für Abgasturbinen erhöht z. B. ein Anstieg der Einlaßtemperaturen um 100 K die Maschinenleistung um 20 %, den Wirkungsgrad um 5 bis 7 % [1). Übliche Einlaßtemperaturen liegen heute bei 900-1000 ^{o}C, Spitzenbelastungen bei 1100 ^{o}C [1), sollen aber bis zu Jahre 1990 auf 1100 bis 1400 ^{o}C gesteigert werden [1), soweit geeignete Werkstoffe entwickelt werden können.

Seit etwa 1934 wird bewußte Forschung auf dem Gebiet der hochtemperaturfesten Werkstoffe betrieben. Zunächst wurden austenitische Cr-Ni-Stähle, Co-W- und Co-W-Fe-sowie Ni-Cu-Al-Legierungen entwickelt, die später von den "Superlegierungen" auf Nickel- und auch auf Kobalt-Basis [2, 3) (Abbildung 1) in den Werkstoffeigenschaften "überboten" wurden. Die jüngste Entwicklung befaßt sich mit dem Einsatz von keramischen Werkstoffen, hauptsächlich Si-Nitrid und Si-Karbid [1). Probleme vor allem der Festigkeit und Temperaturwechselbeständigkeit behindern bisher noch stark den allgemeinen Einsatz dieser noch in Entwicklung stehenden Werkstoffe.

So liegt bisher kein oder kaum Ersatz der legierungs- und herstellungstechnisch weiterentwickelten Schwermetall-Basis-Legierungen vor.

In einer Arbeit von K. Giesen [4) über Entwicklungstendenzen bei Hochtemperaturlegierungen werden 146 Schwermetall-Legierungen angeführt, von denen 39 auf Kobalt-Basis aufgebaut sind. Insbesondere im Bereich der heißen Teile von Gasturbinen, Brenner- und Feuerungsteilen sind Nickel- und Kobalt-Basis-Legierungen die repräsentativsten Werkstoffe, die den immer komplexer werdenden Beanspruchungen genügen können. Da die Härtungsgrenzen für Nickellegierungen erreicht zu sein scheinen, erfuhr das Interesse an Kobalt-Legierungen, da sie höhere Zeitstandfestigkeiten bei hohen Temperaturen und längere Beanspruchungsdauer sowie bessere Warmkorrosionsfestigkeit aufweisen, eine Neubelebung.

Bisher erreichte Eigenschaftsverbesserungen sind größtenteils durch Änderung der Legierungszusammensetzung erreicht worden (Abbildung 2). Aber auch verbesserte Schmelztechnik, gezielte Warmformgebung, gerichtete Erstarrung und pulvermetallurgische Herstellungsverfahren führten zu positiven Ergebnissen. Zum Teil stehen diese Verfahren noch im Entwicklungsstadium und können betriebsfähige Lösungen erst in Zukunft erbringen.

Belastungen für hochwarmfeste Werkstoffe sind neben Korrosion vor allem mechanische Druck- und Zugspannungen, Thermowechselspannungen, Torsion, überlagerte mechanische Schwingungen und Fliehkräfte. Dementsprechend sind wichtige notwendige Eigenschaften von im Hochtemperaturbereich eingesetzten Legierungen Warmfestigkeit, Zeitstandfestigkeit, Hitzebeständigkeit (Gefügestabilität bei hohen Temperaturen), Kriechfestigkeit, Schwingungsfestigkeit und Temperatur-Wechselbeständigkeit neben möglichst hoher Korrosionsfestigkeit [5).

Den Einsatzmöglichkeiten für Hochtemperaturlegierungen entsprechend wird derzeit ein Hauptaugenmerk auf die Erhöhung der Korrosionsfestigkeit gelegt, da die mechanischen Werkstoffkenndaten bereits einen Werkstoffeinsatz bei höheren Temperaturen zulassen, als die Korrosionsbeständigkeit für ausreichende Standzeiten erlaubt Legierungen im System Co-Cr-Fe gelten als Ausgangsprodukte zur Herstellung von schmelzmetallurgisch relativ einfach herzustellenden und wirtschaftlich einsetzbaren hochtemperaturfesten, hochtemperaturbeständigen und korrosionsbeständigen Werkstoffen, wobei der Untersuchung des Korrosionsverhaltens im oxidierenden Medium (sauerstoffhaltige Gase bzw. Abgase)besondere Bedeutung zukommt. Der Chromgehalt dieser Legierungen, 20 bis ca. 35 Massen-%, spielt bei der Oxidationsfestigkeit eine herausragende Rolle, wobei der Einfluß auf dem chemischen Aufbau und der Phasenzusammensetzung des durch Korrosion gebildeten schützenden Zunders, der Oxidschicht, beruht: möglichst selektiv ausgebildete dünne, hochstöchiometrische und damit diffusionshemmende Cr_2O_3-Schutzschicht.

Zur weitgehend selektiven Cr_2O_3-Schichtbildung müssen der Chromgehalt der Legierung ausreichend hoch sein ($\gtrsim$ 20 Massen-%) wie auch ausreichend hohe Diffusionsgeschwindigkeiten für Chrom in der Legierung (Konzentrationsausgleich der durch Korrosion angegriffenen und damit an Chrom verarmenden Metall-Randzone) vorliegen.

1.2 "UMCo 50" (52,3 Co - 26,4 Cr - 21,3 Fe)

1.2.1 Allgemeines

Die untersuchte,unter Vakuum erschmolzene Legierung UMCo 50 enthält als Hauptlegierungsmetalle 52,3 Massen-% Kobalt, 26,4 % Chrom und 21,3 % Eisen sowie 600 ppm Kohlenstoff, 55 ppm Sauerstoff und 70 ppm Stickstoff. Die Werkstoffkenndaten von UMCo 50 sind in Abbildung 3 zusammengestellt. Diese Legierung besitzt zwar keine sehr gute Zeitstandfestigkeit [2, 6-9], aber hervorragenden Wärmeschock- und sehr guten Korrosionswiderstand gegen Luft (Abbildung 4) und schwefelhaltige Atmosphäre bis zu 1200 °C[6, 12] sowie ausreichende Beständigkeit gegen Schwefel- und Salpetersäure[7] sowie Nichteisenmetall-Betriebsschlacken[13], so daß sich diese hochhitzebeständige Legierung beim Einsatz im Industrieofenbau und Kesselbau, in Gießereien, Schmieden, Metallgewinnungs- und Metallverarbeitungsbetrieben, als Schweißelektroden, in der Feuerfest- und Glasindustrie, sowie der chemischen Industrie bestens bewährte [6-8, 10, 12, 13-21].

1.2.2 Gefügeaufbau

Im Gleichgewicht liegt UMCo 50 bei R. T. in heterogenem Gefüge ($\varepsilon + \sigma$) (Abbidlung 5 und 6) vor, bei 700°C als ($\gamma + \sigma$), bei 1200°C als homogener Mischkristall (γ) [7, 22-25].
(ε ≙ hexagonale Phase; σ ≙ isomorphe stapelfehlereiche Phase; γ ≙ austenitische kfz-Phase)[10].
Die σ-Phase weist starke Bildungshemmung auf; hat sie sich gebildet, ist sie erst bei Langzeitglühen oberhalb von 1200°C rückzulösen[10].

In vergossenem sowie im geschmiedeten Material liegen kfz γ- und hex. ε-Phase vor [10], so daß die γ-Phase metastabil bei R. T. vorliegt.

Da die chromreiche σ-Phase bei höheren Temperaturen oberhalb von 1200°C nicht mehr existent ist, ist das Auftreten von Änderungen der Werkstoffeigenschaften in diesem Temperaturbereich wahrscheinlich [2].

1.2.3 Korrosionswiderstand

UMCo 50 weist bemerkenswert hohen Korrosionswiderstand sowohl gegen schwefelreiche Abgase als auch korrodierende Schlacken auf. Die Korrosionsfestigkeit gegenüber Sauerstoff bzw. sauerstoffhaltige Abgase ist besonders hervorzuheben. Die Oxidationskonstante, von UMCo 50, bezogen auf den Gewichtsverlust[7, 12, 17] bei 1200°C in Luft wurde mit 0,89 bis 1,4 (g/m²·h)[7], in ruhender Luft bei 1050 bis 1100°C mit ca. 0,33 (g/m²·h), bei 1200°C mit ca. 0,58 (g/m²·h), bei 1300°C mit 1,86 (g/m²·h) (siehe Abbildung 4) ermittelt [12]. M. Urbain u. a. [10] fanden beim 144-Stunden-Versuch in Luft bei 1200°C einen Gewichtsverlust von 0,89 (g/m²·h) Die gebildeten Zunderschichten platzen beim Abkühlen größtenteils ab[7]. Die verhältnismäßig geringe Zundergeschwindigkeit erfüllt bestens die Forderung an ein "zunderbeständiges" Material [26]: der maximal zulässige Gewichtsverlust beim 120-Stunden-Versuch darf 2 bis 2,5 (g/m²·H) nicht übersteigen.

Für einen industriellen Dauereinsatz einer korrosionsfesten Legierung spielt nicht allein die einmalige Bildung eines chromoxidreichen schützenden Zunders eine Rolle, sondern vor allem auch dessen Beständigkeit, Festigkeit und Temperaturwechselbeständigkeit sowie die Haftfestigkeit am Metall und die ausreichende Chrom-Nachdiffusion im Metall zur Reaktionsphasengrenze Legierung/korrodierendes Gas, um eine dauerhaft schützende und bei Rißbildung oder Abplatzen ausheilende Cr_2O_3-reiche Zunderschicht zu bilden.

1.2.4 Einfluß von Seltenen Erden

Es liegen unterschiedliche Schrifttumsangaben zum Einfluß der Seltenen Erden (Ordnungszahlen 57 bis 71 im Periodensystem der Elemente; siehe Abbildung 7) in Hochtemperaturlegierungen vor. Der Zusatz von Seltenen Erden (S. E.) in metallischer Form wird als günstig [27 - 33] bzw. nur gering günstig oder nahezu ohne Einfluß auf den Hochtemperatur-Oxidationsablauf zunderfester Legierungen bezeichnet [27, 29, 34-37]. Bisher wurden vor allem Zusätze an Cer (Ce) [28, 30, 31, 35-37], Yttrium (Y) [27, 28, 30, 31, 34, 36, 38-45], Lanthan (La) [28, 30, 31, 35, 37, 44], und Gadolinium (Gd) [35], in Konzentrationsbereichen zwischen 0,1 und 2,5 Massen-% untersucht. Für zunderfeste Legierungen werden durch das Zulegieren von S. E. erhöhte Zunder-Dichte [28] und Zunderhaftfestigkeit am Metall [27, 28, 31, 33, 34, 37, 40, 43] und verminderte Zunder-Rißneigung [36, 46] und damit höherer Oxidationschutz erreicht.

Die Erhöhung der Zunderhaftfestigkeit am Metall beruht u. a. auf einem "Verkrallungs-" [47] oder "Festkeil-Effekt" [34] der inneren Oxidschicht mit der stark zerklüfteten Metalloberfläche. Ins einzelne gehend ist der Einfluß der S. E. auf die Hochtemperatur-Oxidation bisher nicht untersucht worden [29, 34].

In bezug auf die mechanischen Eigenschaften führt ein Zusatz von S. E. zu Kobaltbasislegierungen zu erhöhter Bruchfestigkeit, erhöhter Kriechfestigkeit und Duktilität [33, 48].

Für Stähle, denen Cer bzw. "Cer-Mischmetall"(47-60 Ce; 17-30 La; 4-6 Pr; 10-18 Nd), "Didym" (~72 % Nd; 27 Pr; 1 La) oder Lanthan als Entschwefelungsmittel zugesetzt werden [32, 49], wobei gleichzeitig der Sauerstoffgehalt gesenkt werden kann, kann der S.E.-Zusatz (0,1 - 0,64 Massen-%) [49] vor allem bei den höheren Gehalten zu Kornvergrößerung und damit zu verschlechterten Festigkeitswerten führen; bei Zusatz von nur ca. 0,1 % S. E. können höhere Warmformbarkeit und Biegefähigkeit und höhere Zähigkeit weniger anisotrop bei guter Duktilität und Feinkörnigkeit erreicht werden [32, 49]. Die S.E.-Gehalte $\geq$ 0,45 % vermindern die Warmformgebungseigenschaften stark [49]. Auch im Hinblick auf die Bildung wasserlöslicher Karbide sollte der Legierungsgehalt an S.E. möglichst gering bleiben [32, 49]

1.3 Die untersuchten Legierungszusammensetzungen

Da "UMCo 50" in seiner Zusammensetzung den optimal erreichbaren Eigenschaften im System Co-Cr-Fe entspricht [10] und verhältnismäßig hohen Oxidationswiderstand aufweist, wurde diese Legierung als Basismaterial zur systematischen Untersuchung der Einflußnahme eines Zusatzes von S.E. im Hinblick auf verbessertes Oxidationsverhalten benutzt, zumal, wie bereits angeführt, ein S.E.-Zusatz auch die Festigkeitseigenschaften verbessert [48].

1.3.1 Seltene Erden

Die Seltenen Erden, O. Z. 57 bis 71, weisen hohe molare Masse, 140 bis 175 (g), für schmelzmetallurgische Zwecke geeignete Schmelztemperaturen von 830 bis ca. 1650 °C und hohe Siedetemperaturen, 1700 bis 3000 °C, auf (Tabelle 1) [50]. Im Vergleich zu den Legierungsbasismetallen Co, Cr und Fe, weisen die S.E. große Atomradien (1,74 bis 2,04 nm) und Ionenradien ($S.E.^{3+}$: 0,85 bis 1,15 nm) auf (Tabelle 1) [50]. Wegen des für einen wirtschaftlichen Einsatz viel zu hohen Preises wurden die S.E. Prometium (Pm), Europium (Eu), Thulium (Tm) und Lutetium (Lu) von den Untersuchungen ausgeschlossen.

Da den verwandten Eigenschaften entsprechend Scandium (Sc), O. Z. 21, Yttrium (Y), O. Z. 39, und Hafnium (Hf), O. Z. 72, den Seltenen Erden zugerechnet werden, wurden diese Elemente mit in die Untersuchungen aufgenommen (Tabelle 1).

1.3.2 Binäre Systeme von Co, Cr und Fe mit Seltenen Erden[51-77,126]

Da für das ternäre System Co-Cr-Fe keinerlei Schrifttumsangaben zum Einfluß von S.E. auf die Phasengrenzen vorliegen,wurden die Angaben der binären Systeme Co-S.E., Fe-S.E. und Cr-S.E. erfaßt, um Deutungen zum quaternären System Co-Cr-Fe-S.E. zu ermöglichen. Vor allem wegen der starken Atomradienunterschiede (Tabelle 1) ist das Legierungsverhalten der S.E. mit den Übergangsmetallen äußerst begrenzt [62,78]. Neben ermittelten weitgehenden Unlöslichkeiten liegen die maximalen Löslichkeiten der S.E. in Kobalt bzw. Eisen bei höheren Temperaturen $\leq$ 0,5 %, in Chrom etwas höher bei $\leq$ 2% (Tabelle 2 bis 4) mit stark abnehmender Löslichkeit bei sinkenden Temperaturen (Abbildungen 8 bis 22). In den Systemen Co-S.E. und Fe-S.E. tritt vielfach Verbindungsbildung auf ; in den Systemen Cr-S.E. wurden bisher keine intermetallischen Verbindungen nachgewiesen [52,53,60]

1.3.2.1 Co-S.E.

Die bekannten Systeme Co-S.E. sind in den Abbildung 8 bis 16 zusammengestellt [51-70,77]. Es tritt starke Verbindungsbildung auf, wobei die hochkobalthaltigen intermetallischen Verbindungen hexagonale bzw. der hexagonalen nahestehende rhomboedrische Kristallgittertypen aufweisen (Tabelle 2). Die Löslichkeit der S.E. in Kobalt ist äußerst gering, bzw. es liegt Unlöslichkeit vor. Hafnium scheint eine, wenn auch geringe,Löslichkeit in Kobalt aufzuweisen (Abbildung 16).

1.3.2.2 Fe-S.E.

In den Abbildungen 17 bis 22 sind die Systeme Fe-S.E. zusammengestellt [51,-53,60,70,72-76]. Die Löslichkeit der S.E. in Eisen ist selbst bei hohen Temperaturen gering, ≪0,5 % (Tabelle 3), und fällt stark mit abnehmender Temperatur. In den Systemen tritt starke Verbindungsbildung auf, wobei die hoch-eisenhaltigen intermetallischen Verbindungen meist hexagonales Gitter aufweisen (Tabelle 3). Scandium, Yttrium und Hafnium weisen eine geringe Löslichkeit in Eisen (< 1 % bzw. < 0,5 %) auf.

1.3.2.3 Cr-S.E.

Die Systeme Cr-S.E.[52,126] sind in den Abbildungen 23 bis 26 angeführt; es wurde bisher keine Verbindungsbildung nachgewiesen [52,53,60,62]. Bei höheren Temperaturen liegen mit Ausnahme von Cr-Sm und Cr-Yb Löslichkeitswerte der S.E. in Cr von<2 bis<0,12 % vor (Tabelle 4), wobei die Löslichkeit mit fallender Temperatur stark sinken. Auch in den Systemen Cr-Sc und Cr-Y wurden keine Verbindungen ermittelt; im System Cr-Hf wurde $HfCr_2$ mit hexagonaler Struktur nachgewiesen (Tabelle 4) [53,126].

1.4 Oxide der Seltenen Erden

Die S.E. sind sehr reaktionsaktiv und bilden leicht Verbindungen mit Sauerstoff [79,80], Wasserstoff, Stickstoff[81] und Schwefel, nicht jedoch mit Kohlenstoff[32]. Somit entfällt eine Werkstoffhärtung über eine Karbidphase, wie es bei hochtemperaturfesten Legierungen legierungstechnisch üblich ist (Zusatz von Cr, Co, Ta, W, Zr etc.)[2]. Die Nitride der Zusammensetzung S.E.N bzw. S.E N_{1+x} [81] stehen bei der Bildung im Vergleich zu den Oxiden thermodynamisch weit zurück[82] und erfordern hohe Temperaturen und Stickstoffpartialdrucke [81], so daß sie bei Luftoxidation nicht gebildet werden.

Die Systeme S.E.-Sauerstoff [52,53,79], Ce-O [52,53], Pr-O [53], Nd-O[52] sowie Y-O [52,53] und Hf-O [52] sind in den Abbildungen 27 bis 29 zusammengestellt. Vor allem die Sesquioxide ($S.E._2O_3$) (Tabelle 5) spielen für die Oxidation eine herausragende Rolle; die Kenndaten sind in Tabelle 6 zusammengestellt. Diese Oxide sind hochstabil, sublimieren erst ab ca. 2000°C [83], weisen

Schmelztemperaturen von meist über 2000°C; hohes Molvolumen und thermische Ausdehnungskoeffizienten [84, 85] in der Größenordnung der Basismetalle bzw. der Übergangsmetalle auf. Die Kristallstruktur ist unterschiedlich (Tabelle 6) und teilweise temperaturabhängig polymorph [83]. Die Tieftemperaturmodifikation ist meist kubisch, die Hochtemperaturmodifikation hexagonal oder monoklin [79, 83]. Die Umwandlungstemperaturen liegen hoch und betragen für die reversible Umwandlung kubisch ⇌ hexagonal bei Pr_2O_3 880°C, bei Nd_2O 840°C, für kubisch ⇌ monoklin bei Sm_2O_3 980°C, bei Gd_2O_3 1340°C, bei Tb_2O_3 1850°C, bei Dy_2O_3 2140°C; sie steigen mit der Ordnungszahl der S. E. [83]. Die Umwandlungen sind mit Volumenschrumpfung von 7 bis 10 % verbunden [83]. Im Hinblick auf den Defektgittertyp müssen die S. E. -Sesquioxide dem Sauerstoffüberschußgitter zugerechnet werden, wobei vor allem die Tieftemperaturmodifikation merklichen Sauerstoffüberschuß aufweist [83]. Mit Ausnahme von Cer, Praseodym und Terbium ist das dreiwertige S. E.-Ion, S. E.$^{3+}$, auch bei hohen Temperaturen stabil [86]; für Cer ist die vierwertige Form bei Hochtemperatur stabil. Die S. E. bilden sowohl mit Chrom (orthorhombische: $LaCrO_3$, $PrCrO_3$, $SmCrO_3$, $GdCrO_3$, $DyCrO_3$, $ErCrO_3$, $YbCrO_3$ sowie $YCrO_3$) als auch mit Eisen ($LaFeO_3$, $PrFeO_3$, $NdFeO_3$, $SmFeO_3$, $GdFeO_3$, $DyFeO_3$, $HoFeO_3$, $ErFeO_3$, $YbFeO_3$ sowie $YFeO_3$ und mit kubischer Granatstruktur: $Sm_3Fe_5O_{12}$, $Gd_3Fe_5O_{12}$, $Dy_3Fe_5O_{12}$, $Ho_3Fe_5O_{12}$, $Er_3Fe_5O_{12}$, $Yb_3Fe_5O_{12}$ sowie $Y_3Fe_5O_{12}$) Mischoxide. Die binären Systeme La_2O_3-Fe_2O_3, Gd_2O_3 - Fe_2O_3, Sc_2O_3 - Fe_2O_3 und Eisenoxid-$YFeO_3$ sind in den Abbildungen 30 bis 32 angeführt [79].

2. Eigene Versuche

2.1 Erstellen des Untersuchungsmaterials

2.1.1 Erschmelzen der Legierungen

Es wurden der Kobaltbasislegierung UmCo 50 im Konzentrationsbereich 0,05 bis zu maximal~2 % die Seltenen Erden La, Ce, Pr, Nd, Sm, Gd, Tb, Dy, Ho, Er und Yb sowie Sc, Y und Hf zulegiert (Tabelle 7). Die Legierungen wurden im Elektronenstrahlofen bei einem Restgasdruck von ca. 10^{-2}Pa zu Reguli von ca. 250 g erschmolzen, wobei nur geringer Verlust an Seltenen Erden (< 10 %) auftrat. Durch den Zusatz der S. E. konnten der Sauerstoffgehalt (Tabelle 7) wie auch der Stickstoffgehalt noch auf die Hälfte etwa gesenkt werden; der Kohlenstoffgehalt blieb erwartungsgemäß [32] gleich. Ein Vakuumschmelzprozeß ist für Legierungen mit S. E. wichtig, da die mit Stickstoff und vor allem Sauerstoff hochreaktiven S. E. beim Schmelzen unter Normalbedingungen hohem Abbrand unterliegen würden. Die weitgehende Unlöslichkeit der S. E. in der Legierung Co-Cr-Fe wird durch die eigenen Untersuchungsergebnisse bestätigt; die S. E. werden and den Korngrenzen und /oder globulitisch im Inneren der Körper ausgeschieden. Vor allem bei S. E. -Konzentrationen < 0,1 % herrscht die globulitische Ausscheidung im Korninneren vor (Abbildung 33 und Abbildung 47 bis 53). Scandium, Yttrium und Hafnium scheinen eine begrenzte Löslichkeit in der Basislegierung aufzuweisen, worauf die Raster-und Slow-Scan-Aufnahmen der Abbildungen 55 bis 59 hindeuten.

2.1.2 Herstellen der Untersuchungsproben

Maschinentechnisch wurden zylindrische Proben erstellt, für die Dilatometerversuche in den Abmessungen 5 mm ϕ, 30 mm Länge, für die Oxidationsversuche 5 mm ϕ ; 15 mm Länge. Vor den Untersuchungen wurden die Proben unter Vakuum (10^{-2}Pa) 5 Stunden bei 350°C spannungsfrei geglüht. Dieser Glühprozeß hatte allein Einfluß auf die Härte- und die erste Dilatometer-Messung, nicht aber auf die Oxidationsversuche.

2.2 Werkstoffkundliche Untersuchungen

Als Kennzeichnung der Festigkeit wurde die Vickers-Härte aller Legierungen im spannungsfrei geglühten Zustand ermittelt, Dilatometer-Untersuchungen sollten das Ausdehnungsverhalten der Legierungen und den Einfluß der S. E. vor allem auf die Gitterumwandlungen der Basislegierung im Hinblick auf die Oxid-Haftfestigkeit ermitteln. Die thermogravimetrisch durchgeführten Oxidationsversuche führten zur Bestimmung der Zunderkonstanten und der Deutung der Einflußnahme der S. E. auf den Hochtemperatur-Oxidations-Prozeß.

2.2.1 Härtemessungen (Vickers-Härte)

Die ermittelte Vickers-Härte ($H_{V_{10}}$)[87] der Basislegierung ist nahezu identisch mit den Schrifttumsangaben (Abbildung 3)[6,8,12]. Der geringen Legierungsfähigkeit bzw. Unlöslichkeit der S. E. in der Basislegierung sowie den geringen Legierungskonzentrationen entsprechend, ist der Einfluß der S. E.-Zusätze auf die Vickers-Härte der Basislegierung vernachlässigbar gering (Tabelle 8). Auch die Zusätze an Sc, Y und Hf erhöhen die Härte nur geringfügig. Diese Härteangaben nach Vickers lassen jedoch keine Rückschlüsse auf die übrigen Festigkeitswerte wie Zugfestigkeit, Kriechfestigkeit, Warmbrüchigkeit etc. zu.

2.2.2 Wärmeausdehnungsmessungen

In einem Netzsch-Hochtemperatur-Hochvakuum-Dilatometer, das bereits an anderer Stelle ausführlich beschrieben wurde[88], wurden dilatometrische Messungen bei einem Restgasdruck von 10^{-2} Pa und einer Temperatur-Änderungsgeschwindigkeit von $1\,^{0}C/min$ bzw. $2\,^{o}C/min$ zwischen R. T. und $1300\,^{o}C$ vorgenommen. Anhand der Ausdehnungskurven wurden die mittleren linearen thermischen Ausdehnungskoeffizienten β_{100}^{500}, β_{500}^{900} und β_{100}^{900} (Tabelle 9) sowie die Gitterumwandlungstemperaturen und Längenänderungssprünge im Umwandlungsbereich (Tabelle 10) ermittelt.

Dem 3-Stoffsystem Co-Cr-Fe (Abbildung 5) entsprechend durchläuft die Basislegierung im Gleichgewicht von R. T. bis 1300°C drei Phasenumwandlungen:

a) $\varepsilon + \delta \xrightarrow{350 - 390^{\circ}C} \gamma + \varepsilon + \delta$;

b) $\gamma + \varepsilon + \delta \xrightarrow{670 - 720^{\circ}C} \gamma + \delta$;

c) $\gamma + \delta \xrightarrow{1220 - 1230^{\circ}C} \gamma$.

Diese Umwandlungen sind mit Längenänderungen von etwa < 0,02, < 0,05 bzw. < 0,01 Längen-% verbunden (Abbildung 34, Tabelle 9). Damit liegen die Temperaturen der ersten Umwandlung $\varepsilon + \sigma \rightarrow \gamma + \varepsilon + \sigma$ niedriger, als den Schrifttumsangaben entspricht[10]. In den höheren Konzentrationen ≫ 0,1 % führen die Zusätze an S. E. zu teilweise merklichem Einfluß auf die Gitterumwandlungstemperaturen sowie die Längenänderungssprünge im Umwandlungsbereich (Tabelle 9), wobei "effektverstärkende" wie auch "glättende" Wirkung unterschiedlich auf die Einzelumwandlungen festzustellen ist (Abbildungen 35 und 36). Beim Abkühlen erweisen sich mit starker Hysteresebildung die Rückumwandlungen stark gehemmt, was mit den Schrifttumshinweisen übereinstimmt[2, 10]. Die Rückumwandlung beginnt im Temperaturbereich von ca. 150°C bei der Basislegierung und bei Zusatz von S. E. zwischen 150 und 110°C und erfolgt entsprechnd der Temperatur-Änderungsgeschwindigkeit mehr oder weniger vollständig (Tabelle 9, Abbildung 37).

Der mittlere lineare thermische Ausdehnungskoeffizient zwischen 100 und 500°C entspricht exakt den Schrifttumsangaben[12], $\beta_{100}^{500} = 16{,}8 \cdot 10^{-6}$ [$^{\circ}C^{-1}$], weicht aber im höheren Temperaturbereich, $\beta_{500}^{900} = 22{,}4 \cdot 10^{-6}$ [$^{\circ}C^{-1}$], merklich zu höheren Werten ab (Tabelle 10), so daß man bei den Angaben von M. Urbain und V. Rixhon [8], $\beta_{0}^{1000} = 16{,}8 \cdot 10^{-6}$ [$^{\circ}C^{-1}$], auf einfache Interpolation schließen könnte. Der Einfluß der S. E.-Zusätze auf den thermischen Ausdehnungskoeffizienten von UMCo 50 ist gering (Tabelle 10) und sollte für die Haftfestigkeit der Oxidschicht (möglichst gleicher thermischer Ausdehnungkoeffizient von Metall und Oxidschicht) kaum Bedeutung finden.

2.2.3 Oxidationsversuche

Thermoanalytisch wurde anhand von Thermowaagenversuchen über 20 h die Gewichtszunahme der Legierungsproben bei konstanter Oxidationstemperatur in Luft und reinem Sauerstoff ermittelt. Aus den Zeit-Gewichtsänderungs-Diagrammen wurde die Wagnersche Zunderkonstante[89-91], K_{20} [$g^2/m^4 \cdot h$], berechnet. Als Versuchsapparaturen standen Netzsch-Thermowaagen mit Reaktionsgasspülung (200 ml/min) zur Verfügung (Abbildung 38), die an anderer Stelle bereits ausführlich beschrieben wurden[47, 88]. Die Versuchsproben standen aufrecht im Reaktionsgasstrom (Abbildung 38); die Schweißstelle des Thermoelementes stand in unmittelbarer Nähe der Proben. Die Meßgenauigkeit der Gewichtserfassung auf dem Schreiber beträgt $\leq$ 0, 3 mg, woraus sich eine Genauigkeit für die ermittelten Zunderkonstanten von ± 5 % ergibt, worin der Einfluß der Probenoberlächenänderung während der Oxidation nicht eingeschlossen ist. Die Proben wurden innerhalb von 15 bis 20 min auf die Reaktionstemperaturen 1100, 1200 bzw. 1300 °C aufgeheizt; eine im Bereich des Aufheizens auftretende Voroxidation ist in den ermittelten Zunderkonstanten eingeschlossen Da die Leistungsregler der Thermowaagen nicht exakt 1100, 1200 bzw. 1300 °C ansteuern, wurden nach halblogarithmischer Auftragung der Versuchsergebnisse lg K_{20} gegen 1/T die entsprechenden Zunderkonstanten bestimmt. Die Versuchsergebnisse sind in Tabelle 11 zusammengestellt (die mit (x) gekennzeichneten Ergebnisse weisen Verbesserungen im Vergleich zur reinen Basislegierung auf). Die Zusätze an Sc, Y und Hf führen zu schlechterem Oxidationswiderstand. In Luft führen die meisten Zusätze an S. E. bei 1100 °C noch zu Verbesserungen, bei 1200 und 1300 °C hauptsächlich noch Praseodym, Neodym, Holmium und Erbium (Tabelle 11, Abbildung 39). In reinem Sauerstoff können merkliche Verbesserungen nur noch mit Lanthan, bis zu 1200 °C und bei 1300 °C allein noch mit Neodym erreicht werden (Tabelle 11). Aufgrund der hohen Sauerstoffaffinität der Seltenen Erden (Tabelle 12), wobei die Werte der freien Reaktionsenthalpie noch über denen für die Cr_2O_3-Bildung liegen, werden die S. E. an der Reaktionsphasengrenze Metall/Sauerstoff bevorzugt gebildet bzw. können S. E. die übrigen Metalloxide reduzieren, soweit sie an der Phasengrenze Metall/Oxid bzw. der Reaktionsphasengrenze zum Sauerstoff vorliegen. Aufgrund der weitgehenden Unlöslichkeit sowie des hohen Atomradienunterschiedes (Tabelle 1) sind die S. E. in der Legierung weitgehend "unbeweglich", so daß keine merkliche Festkörperdiffusion auftritt. Die S. E.-Ausscheidungen auf den Korngrenzen neigen bei Verbindungen mit der Oberfläche stark zu innerer interkristalliner Oxidation (Abbildung 40).

Die gehemmte Chrom-Diffusion in der Fe-Co-Matrix[10], die zu merklicher Chromverarmung der Legierungsrandzone während der Oxidation führt, kann durch den Zusatz an S. E. kaum verändert werden. Zur Deutung der Einflußnahme der S. E. auf die Hochtemperaturoxidation von UmCo50 sollen nun die Ergebnisse im einzelnen diskutiert werden, wobei zunächst auf das Oxidationsverhalten des reinen UmCo50 eingegangen wird.

2.2.3.1 Oxidation von UMCo50 in Luft, reinem Sauerstoff und gereinigtem Stickstoff (0,001 % O_2) bei 1100, 1200 und 1300 ^oC

Abbildung 41 zeigt im Anschliff ein typisches Erscheinungsbild der oxidierten UMCo50-Oberfläche nach 20-stündiger Oxidation bei 1200 ^oC in reinem Sauerstoff:

a) äußert stark aufgerauhte Werkstoffoberfläche

b) starke Leerstellenagglomeration in der Metallrandzone bis in ca. 50 µm Tiefe, vor allem entlang von Korngrenzen, wie es für chromreiche Legierungen bei Oxidation typisch ist ("Kirkendall-Porositäten")[92].

c) Im Kontakt mit der Metalloberfläche: chromoxidreiche Oxidschicht, die röntgenographisch als Cr_2O_3 bestimmt wurde, auf der außen etwas CoO und FeO aufliegt; ein Spinell konnte nicht nachgewiesen werden.

d) Chromverarmung der Metallrandzone bis zu ca. 150 µm Tiefe infolge ungenügender Nachdiffusion des an der Oberfläche weitgehend selektiv oxidierten Chroms aus dem Inneren der Legierung. Die Chromdiffusion wird durch Kobalt in der Fe-Co-Matrix stark gehemmt[10].

Die Oxidschichten,vor allem die äußeren kobalt- und chrom- und eisenoxidhaltigen Schichten, platzten bei Abkühlung unter ca. 800°C fast ausnahmslos ab. Ein Grund hierfür liegt in den stark unterschiedlichen thermischen Ausdehnungskoeffizienten von CoO ($\beta_{20}^{900} = 15 \cdot 10^{-6}$ [°C^{-1}])[93] und FeO ($\beta_{100}^{1000} = 12,2 \cdot 10^{-6}$ [°C^{-1}])[93-95] zu dem des Chromoxids, Cr_2O_3, ($\beta_{100}^{1000} = 7,3 \cdot 10^{-6}$ [°C^{-1}][93,93] bzw. $\beta_{20}^{1400} = 9,6 \cdot 10^{-6}$ [°C^{-1}][96,97] und vor allem des Cr_2O_3 zur Basislegierung (Tabellen 6 und 10).

Das Molvolumenverhältnis von Chromoxid zu Chrom liegt über 2 (Tabelle 6) und das Pilling-Bedworth-Verhältnis (Mol.-Gew. Oxid • Dichte Metall/molare Masse Metall• Dichte Oxid)[89] ist so hoch, daß mit kompakten Deckschichten,wie sie auch gebildet werden, zu rechnen ist, in denen jedoch erhebliche Druckkräfte auftreten[93], soweit sie nicht durch die Plastizität des Oxides abgebaut werden können[98-102].

Abbildung 42 zeigt eine Elektronenstrahlmikroanalysatoraufnahme einer nach 50 stündiger Oxidation gebildeten Zunderschicht auf UmCo50. Das Konzentrationsprofil zeigt deutlich eine innere reine Chromoxidschicht mit außen aufliegender Oxidschicht aus Kobalt, Chrom und Eisen sowie die Chromverarmung der Metallrandzone.

Gekennzeichnet ist der Oxidationsverlauf von UMCo50 durch Ungleichmäßigkeit, die mit steigender Temperatur zunimmt; es treten Bereiche sprunghaft steigender Oxidationsgeschwindigkeit mit nachfolgender verzögerter Oxidation auf (Abbildungen 43 bis 45). Dabei liegen die ermittelten Oxidationskonstanten in Stickstoff mit 0,001 % O_2 über denen in Luft und diese wiederum höher als in reinem Sauerstoff (Abbildungen 43 - 46). Für die Oxidation von Co-Cr- bzw. Co-Cr-Fe-Legierungen spielt eine große Rolle, daß bei Temperaturen oberhalb von 1000 °C der Dampfdruck von Chrom sowie vor allem der von CrO_3, das in oxidierender Atmosphäre aus Cr_2O_3 gebildet werden kann ($\langle Cr_2O_3 \rangle + 3/2\ (O_2) = 2\ (CrO_3)$). Einfluß nehmen können.

Nach E A. Gulbransen und K. F. Andren[103] beträgt bei 1009 °C die Chromverdampfungsgeschwindigkeit 0,87 $(g/m^2 \cdot h)$[103] (bzw. bei 1000 °C 0,7 $(g/m^2 \cdot h)$[104] und bei 1010 °C 1 $(g/m^2 \cdot h)$[105]) und liegt damit zum einen im Bereich der Diffusionsgeschwindigkeit von Cr in Cr_2O_3[104] vor allem aber auch im Bereich der ermittelten Oxidationsgeschwindigkeit der Legierung "UMCo50" (Abbildung 4). Die Chromverdampfung mit der Verdampfungswärme von 395[K J/mol][103] kann im Cr_2O_3 (p-Leiter)[106-109] über Hohlräume zusätzlichen Chromtransport über die Gasphase verursachen[104]; dagegen spricht die hohe Kompaktheit der Schichten. Aufgrund des Chromdampfdruckes, der bei 1009 °C $\sim 2,7 \cdot 10^{-9}$ bar beträgt[103]; könnte die Oxidschicht an der Phasengrenze Metall-Oxid den Kontakt verlieren und auf-bzw. abplatzen[110], was aber wahrscheinlich nur für sehr dünne Schichten Geltung haben könnte. Aufgrund eines "Verkrallungseffektes"[21, 34, 47] des Oxides mit der stark unebenen Metalloberfläche ist die Haftfestigkeit bei Oxidation sehr gut und fest anliegend (Abbildungen 41 und 42). Gegen eine Chromabdampfung während der Oxidation spricht die hohe Sauerstoffaffinität des Chroms mit einer freien Reaktionsenthalpie der Cr_2O_3-Bildung von - 794 (KJ/mol) bei 1000 °C und - 740 (KJ/mol) bei 1200 °C[82] (Tabelle 12). Von entscheidendem Einfluß wird vielmehr das Abdampfen von CrO_3 an der Phasengrenze Oxid/Gas[21, 111-113] sein, das in sauerstoffhaltiger Atmosphäre nach $\langle Cr_2O_3 \rangle + 3/2 (O_2) = 2\ (CrO_3)$[111-113] gebildet wird, was im Schrifttum bereits angeführt wurde.
Die Dampfdrucke von CrO_3 betragen bei 1100 bis 1300 °C $0,4 \cdot 10^{-6}$ bis $18 \cdot 10^{-6}$ (bar), die Verdampfungsgeschwindigkeits-Konstanten im Bereich von 1000 bis 1300 °C $6 \cdot 10^{-4}$ bis 0,1 $(g/m^2 \cdot h)$[111] bei 0,5 cm/s Gasströmungsgeschwindigkeit, wie sie bei den eigenen Versuchen vorlag. An einer 60Ni-25Cr-Fe-Legierung wurde die Verdampfungsgeschwindigkeit für CrO_3 bei 1000 °C von J. E. Croll und G. R. Wallwork[113] mit 2,3 10^{-3} $(g/m^2 \cdot h)$ bestimmt. Diese Verdampfungsverluste sind vor allem vom Sauerstoffpartialdruck

des Reaktionsgases (CrO_3-Bildung) sowie der Strömungsgeschwindigkeit des Reaktionsgases (Reaktions-Gleichgewichtsverschiebung der CrO_3-Bildung) abhängig[111, 112]. Unter Argon treten keine Abdampfverluste auf[111].

Von H. C. Graham und H. H. Davis [112] wird für 1 bar Gesamtdruck und einer Gasströmungsgeschwindigkeit von 5 cm/s die CrO_3-Verdampfungsgeschwindigkeitskonstante in Abhängigkeit vom Sauerstoffpartialdruck bei $1200\,^{\circ}C$ angeführt:

P_{O_2}	= 1 bar,	K = 0,58	$(g/m^2 \cdot h)$
P_{O_2}	= 0,21 bar	K = 0,09	"
P_{O_2}	= 0,001 bar	K = $3,6 \cdot 10^{-4}$	"

Um die Einflußnahme des Sauerstoffpartialdruckes auf die Geschwindigkeitskonstanten der UMCo 50-Oxidation, die starke Cr_2O_3-Schutzschichtbildung aufweist, zu verdeutlichen, wurden die Versuche in reinem Sauerstoff, in Luft ($P_{O_2} \approx 0,21$ bar) und gereinigtem Stickstoff ($P_{O_2} \approx 10^{-5}$ bar) durchgeführt, wobei die höchste Zunderkonstante erwartungsgemäß bei dem niedrigsten Sauerstoffpartialdruck, die niedrigste in reinem Sauerstoff anhand der thermogravimetrischen Oxidationsversuche ermittelt wurde (Tabellen 11 und 13, Abbildungen 43 bis 46). Die Zunderschichten der unter gereinigtem Stickstoff (0,001 % O_2) oxidierten Proben bestanden ausnahmslos aus Cr_2O_3 und Spuren an CoO und FeO. Dies ist verständlich, da die freie Bildungsenergie von Cr_2O_3 bei den Versuchstemperaturen um wesentlich mehr als den Faktor 10 größer ist als die der CrN- bzw. Cr_2N-Bildung[82] und der Zersetzungsdruck von Cr_2O_3 bei $1000\,^{\circ}C \sim 10^{-22}$ bar, bei $1200\,^{\circ}C \sim 10^{-17}$ bar beträgt.

Die durch das strömende Reaktionsgas mit dem Stickstoff eingetragene Sauerstoffmenge entspricht zudem etwa der durch die Oxidation an der Probe gebundenen Menge, was auch auf äußerst geringe oder nicht vorliegende CrO_3-Abdampfung schließen läßt.

Somit liegen die in Luft und reinem Sauerstoff ermittelten Werte der Zunderkonstanten der in Wirklichkeit vorliegenden Korrosion entsprechend viel zu niedrig. Dies gilt auch für die Schrifttumsangaben zur Oxidationsgeschwindigkeit hochchromhaltiger Legierungen insgesamt. Hierauf wird zwar im neueren Schrifttum bereits verwiesen[112-118], doch fehlt bisher noch eine allgemeine Berücksichtigung. Denn für solche Legierungen liegen negative Abweichungen vom parabolischen Gesetz der Oxidation [115-118] und Einschränkungen der Anwendung der Wagner'schen Oxidationstheorie vor[119]. Der geschwindigkeitsbestimmende Schritt der CrO_3-Verdampfung, bei Sauerstoffpartialdrucken zwischen 10^{-3} und 1 bar, ist die CrO_3-Diffusion durch die Phasengrenze[111], weshalb der Reaktionsgasströmungsgeschwindigkeit besondere Bedeutung zu kommt. Problematisch ist die Bestimmung der Cr_2O_3-Reaktionsoberfläche, da bei den üblichen Legierungen bei der Oxidation der Oxidschicht außen eine mehr oder weniger bedeckende unterschiedlich dicke Oxidschicht anderer Legierungspartner aufliegt.

Die thermogravimetrisch für hochchromhaltige Legierungen ermittelten Zunderkonstante hat bei nicht quantitativer Brücksichtigung der Chromoxid-Abdampfung bei Temperaturen $\geq$ 1000 °C [113] daher nur halbquantitative und vergleichende Bedeutung, da die Gewichtszunahme bei "normalen" Sauerstoffpartialdrucken wesentlich geringer ist, als dem durch Oxidation stattfindenden Metallabtrag entspricht. Erschwert wird eine thermogravimetrische Messung noch dadurch, daß sich das abdampfende CrO_3 unter Dissoziation als Cr_2O_3 [112,113] an kühleren Stellen der Versuchsanlage [115], z. B. an der Probenhalterung bzw. dem Wägeteil, niederschlägt. Solche Cr_2O_3-Ablagerungen konnten bei den eigenen Versuchen beobachtet und analysiert werden.

Umgangen werden können diese Probleme durch Bestimmen des metallischen Materialverlustes durch die Korrosion, wobei jedoch einmal eine kontinuierliche Datenerfassung entfällt, zum anderen der selektiven Trennung von Oxid und Metall besondere Bedeutung zukommt.

Zwar wird bei hochchromhaltigen Legierungen (meist > 20 % Cr) bei der Oxidation nach einer Anlaufphase weitgehend selektiv eine schützende Cr_2O_3-Schicht gebildet, die dann vor weiterer Oxidation gut schützend wirkt, doch führt die CrO_3-Verdampfung danach wieder zu einem Abbau der aufgrund der geringen Cr-Diffusion im Cr_2O_3 [116] nur noch kaum wachsenden Cr_2O_3-Schicht, bis diese aufplatzt oder abplatzt. Solange die darunterliegende, chromverarmte Metallzone noch ausreichend hohen Chromgehalt aufweist, kann die Oxidschicht "ausheilen" [46], was die typischen sprunghaften Oxidationsverläufe (Abbildungen 43 bis 45) erklärt. Teilweise tritt stärkere Oxidation der Legierungsoberfläche ein, bis wieder eine Zone ausreichender Chromkonzentration zur selektiven Bildung einer Cr_2O_3-Schicht erreicht ist [120]. Aufgrund dieser Problemerfassung der Oxidation der Basislegierung ist nun nachfolgend die Einflußnahme der Zusätze an Seltenen Erden zu deuten.

2.2.3.2 Oxidation von UMCo50-S. E. -Legierungen in Luft und reinem Sauerstoff bei 1100, 1200 und 1300°C

Wie bereits angeführt wurde, kann durch Zusatz von S. E. bei Oxidation an Luft bis zu 1100°C ein günstiger Einfluß auf den Oxidationswiderstand von UmCo 50 erreicht werden Bereits geringe Zusätze von <0,1 % S. E. führen zur Verringerung der Oxidationsgeschwindigkeit um den Faktor 50 bis 100. Bei höheren Temperaturen, vor allem in reinem Sauerstoff, geht der günstige Einfluß der S. E. meist verloren (Tabelle 11). Bei Oxidation in Luft konnten keine S. E. -Nitride in der Zunderschicht nachgewiesen werden; thermodynamisch ist die Bildung der hochschmelzenden Sesquioxide Se_2O_3 bzw. CeO_2 bei Cer wesentlich bevorteilt gegenüber der Nitridbildung der S. E. [82, 121].

Tritt bei hochchromhaltigen Schwermetall-Legierungen unter der gebildeten Cr_2O_3-Schutzschicht noch keine innere Oxidation des Chroms in der Metallrandzone auf [113], so zeigen UmCo50-S. E. -Legierungen bei S. E. -Konzentrationen >0,1 % und S. E. Ausscheidungen auf den Korngrenzen merklich innere Oxidation [27] dieser Bereiche bis in Tiefen von ≥100µm (Abbildungen 47 bis 53), was aufgrund der höheren Sauerstoffaffinität der S. E. und der Sauerstoffdiffusion in den S. E. -Oxiden erklärlich ist. Sind die S. E. -Ausscheidungen globulitisch in der Legierung verteilt ($\leqq$ 0,1 % S.E.) und stehen nicht in Kontakt mit der oxidierenden Metalloberfläche, so tritt keine innere Oxidation auf. Chromoxid, Cr_2O_3, scheint keine Löslichkeit für S.E.-Oxide aufzuweisen. Mit fortschreitender Oxidation werden die S.E.-Oxide an der Stelle ihrer Oxidation durch Umwachsen des Cr_2O_3 in die Oxidschicht eingebaut (Abbildungen 49, 52 und 53). Merkliche Diffusion der S.E. in der Legierung während der Hochtemperatur-Oxidation tritt erwartungsgemäß nicht auf. Ganz allgemeingültig kann festgestellt werden, daß S.E-Konzentrationen $\leqq$ 0,1 % bereits ausreichen, günstigen Einfluß auf die Hochtemperatur-Oxidation zu nehmen, wie es für Cer-Zusätze bereits im Schrifttum angeführt wird[27, 37, 45]. Die Chromverarmung der Metallrandzone während der Oxidation kann durch den Zusatz von S.E. nicht abgebaut werden, vielmehr scheint zumindest teilweise eine Behinderung der hauptsächlich über Korngrenzen erfolgenden Chromdiffusion[27, 29, 31, 34, 122] durch den S.E.-Zusatz aufzutreten.

Insgesamt kann der günstige Einfluß der S.E. auf die Hochtemperatur-Oxidation von UmCo50 auf einen weitgehend für alle Legierungen gültigen "mechanischen" sowie einen "diffusionstechnischen" Anteil zurückgeführt werden.

A) "mechanischer" Einfluß

Neben Keimbildungswirkung der S.E.-Oxide für die Cr_2O_3-Bildung[30] während des Anlaufvorgangs[29] verstärkt sich der "Verkrallungseffekt"[31, 34, 37] und damit die Haftfestigkeit des Oxids am Metall[27, 33, 37, 45] durch starke Aufrauhung der Metalloberfläche, durch innere Oxidation sowie eventuelle Plastizitätserhöhung[29, 34] der Cr_2O_3-Schicht, wodurch bessere Korrosionsschutzwirkung[43] vor allem bei Temperaturwechseln erreicht wird. Dieser Effekt tritt vor allem merklich bei S.E. Konzentrationen >0,1 % auf. Werden bei hohen S.E.-Konzentrationen geschlossene Oxidschichten an der Phasengrenze Metall/Oxid unter der Cr_2O_3-Schicht gebildet, nimmt die Abplatzneigung der Oxidschichten bei Temperaturwechsel wieder zu, was auf den im Vergleich zur Legierung nur etwa halb so großen thermischen Ausdehnungskoeffizienten der S. E. -Oxide (Tabellen 6 und 10) zurückgeführt werden kann.

B) "diffusionstechnischer" Einfluß

Bei weitgehend gleichmäßiger, globulitischer Verteilung der S. E. im Basismetall-Gefüge, was bei Zusatz von 0,02 bis ~0,05 % S. E. auftritt, wird ohne Auftreten innerer Oxidation die Chromdiffusion soweit gehemmt[31], daß die selektive Chromoxidation, Cr_2O_3-Bildung, verzögert einsetzt, so daß außen zunächst eine stärkere Kobalt-, Eisen- und Chromoxidschicht aufwachsen kann, bevor innen eine geschlossene Cr_2O_3-Schicht gebildet wird. Diese äußere Oxidschicht behindert stark die CrO_3 -Bildung und -Verdampfung[27,29], so daß stärkere Schutzwirkung die Folge ist. Trotz zunächst stärkerer Oxidation wird eine besser Schutz gewährende, besser haftfähigere und temperaturwechselbeständigere Oxidschicht gebildet (Abbildungen 50 und 51), wobei gleichmäßiges Oxidationsverhalten ohne sprunghafte Änderung auftritt. Schrifttumsangaben entsprechend können S. E. -Einschlüsse in der Legierung zur Kondensation von Überschußleerstellen führen[30]; die durch die S. E. -Ausscheidungen hervorgerufenen Gitterverspannungen werden dadurch aufgehoben[30, 31]. Zudem können starke Leerstellenagglomerationen im Metall durch S. E. -Oxide zumindest teilweise aufgefüllt werden[34].
Daß die S. E. sich vor allem im Temperaturbereich von 1000 bis 1100°C günstig auf den Korrosionswiderstand hochchromhaltiger Schwermetall-Legierungen auswirken[30, 31, 42, 45], ist damit zu erklären, daß < 1000°C die CrO_3-Verdampfung noch eine untergeordnete Rolle spielt[103-105], oberhalb von 1000 bis ca. 1100°C die S. E. -Zusätze sich günstig auf die Oxidschichtbildung auswirken, $\geq$ 1200°C die Oxidationsgeschwindigkeit der Legierung sowie die Abdampfgeschwindigkeit von CrO_3 so stark zunehmen, daß der günstige Einfluß der Zusätze von geringen Mengen S. E. unwesentlich wird und verloren geht[45].

2.2.3.3 Oxidation von UmCo50 mit Zusätzen an Sc, Y bzw. Hf in Luft und reinem Sauerstoff bei 1100, 1200 und 1300°C

Das typische Ausscheidungsverhalten der UmCo 50-Legierungen mit Sc, Y bzw. Hf in höheren Konzentrationen um 0,5 % zeigt Abbildung 54.

Aufgrund der Raster- und Slow-Scan-Aufnahmen kann geschlossen werden, daß die hafniumreichen Ausscheidungen auch Co,Cr und Fe enthalten[27] (Abbildungen 54, 55, 58 und 59). Alle untersuchten Legierungen mit Zusätzen an Sc, Y bzw. Hf erbrachten gegenüber der reinen Basislegierung UmCo 50 keine bzw. kaum Verbesserungen der Oxidationsbeständigkeit (Tabelle 11). Wohl wurde bei starker Oberflächenaufrauhung und bei den höheren Gehalten auftretende innere Oxidation der Zusatzelementausscheidungen (Bildung von Sc_2O_3, Y_2O_3 bzw. HfO_2) [31,123], stärkere Haftfestigkeit [30,42,123] und Temperaturwechselbeständigkeit der Oxidschichten [123] erreicht, was Schrifttumsangaben entspricht. Die Chromverarmung der Metallrandzone kann auch durch diese Zusätze nicht aufgehoben werden (Abbildungen 55 bis 59). Die Oxide scheinen, mit Ausnahmen von Y_2O_3 [27,29,31], zumindest teilweise in die Oxidschicht eingebaut zu werden[28], was zu ungeeigneter Dotierung des Cr_2O_3 [27] bzw. zu verstärkter Sauerstoffeinwärtsdiffusion[30] führen kann. Hohe Gehalte, untersucht an einer UmCo 50 - 2,2 Y-Legierung, führen zu starker innerer Oxidation[27,29,33,42,123], inter- und intrakristallin[39], bis in > 200 µm Tiefe, was zu unerwünschter Zerstörung der Metallrandzone[27] führt (Abbildung 58). Da die äußere Oxidschicht neben Chromoxid auch Kobalt- und Eisenoxide aufweist und bei der Oxidation eine verhältnismäßig starke chromoxidreiche, vor allem bei Y-Zusatz gut haftende Zunderschicht aufwächst (Abbildungen 55 und 57), kann angenommen werden, daß die Zusätze an Sc, Y bzw Hf über den sekundären Einfluß auf die Bildung der äußeren Mischoxidschicht auch das Abdampfen von CrO_3 behindern[31,34], wodurch allerdings thermogravimetrisch verhältnismäßig hohe Zunderkonstanten ermittelt werden.

2.2.3.4 Abschließender Überblick

Durch den Zusatz an Seltenen Erden kann das Oxidationsverhalten von UMCo 50 vor allem bei Oxidation in Luft günstig beeinflußt werden, wobei Zusätze $\leqq$ 0,1 % bereits weitgehend ausreichen. Scandium, Yttrium und Hafnium wirken im Vergleich zum Zusatz der S.E. weniger günstig.

Da der für eine gute Oxidationsfestigkeit als geeignet ermittelte Gehalt an S.E. im Bereich von einigen 1/100 % liegt, sollte er im Hinblick auf die längereEinsatzdauer des geeignet S.E -legierten UMCo 50 preislich eine weniger bedeutende Rolle spielen. Ein Vakuumschmelzprozeß ist bei Einsatz sauerstoffarmer Vorstoffe für die Legierungsherstellung nicht zu umgehen.

Nachteilig für den Einsatz der S.E. als Legierungsmaterial ist die starke Reaktion in der Schmelze, da Vorlegierungen weitgehend nicht auf dem Markt sind; das Marktangebot für S.E. ist zumindest teilweise begrenzt, und die Preise liegen hoch (Tabelle 14); die Analysenkontrolle ist mit Schwierigkeiten verbunden [44].

Jedoch ist von grundlegender Bedeutung die Vorabentscheidung, ob preiswerte weniger standfeste hochtemperatur- und hochtemperaturkorrosionsfeste Werkstoff oder teuere standfestere Legierungen eingesetzt werden sollen, wobei der Wartungs- und Materialaustauschaufwand und die Sicherheitsnotwendigkeiten neben den notwendigen Werkstoffeigenschaften von entscheidendem Einfluß sind.

3. Zusammenfassung

Nach dem Erschmelzen der Legierungen "UMCo 50" (52,3 Co - 26,4 Cr - 21,3 Fe) mit Zusätzen an La, Ce, Pr, Nd, Sm, Gd, Tb, Dy, Ho, Er, Yb sowie Sc, Y, Hf im Konzentrationsbereich von 0,03 bis~1 % wurden die Vickershärten bestimmt, die nur geringe Abweichungen von den Werten der Basislegierung aufweisen, sowie das thermische Ausdehnungsverhalten und die mittleren linearen thermischen Ausdehnungskoeffizienten, β_{100}^{500}, β_{500}^{900}, β_{100}^{900}, die durch den Legierungszusätze ebenfalls kaum beeinflußt werden. Durch den S.E.-Zusatz werden die Temperaturen und Volumensprünge der Gitterumwandlungen der Basislegierung vor allem bei höheren Gehalten verändert.

Die Oxidation der hochchromhaltigen Basislegierung ist $>1000\,^{\circ}C$ stark gekennzeichnet durch das Abdampfen von CrO_3, das unter Sauerstoffzutritt aus Cr_2O_3 gebildet wird, wodurch thermogravimetrisch ermittelte Zunderkonstanten viel zu niedrig erfaßt werden. So scheint die Oxidation in gereinigtem Stickstoff (0,001 % O_2) schneller als die in Luft und reinem Sauerstoff abzulaufen, was

allein auf die CrO_3-Verdampfungsverluste und damit thermogravimetrisch zu gering erfaßten Gewichtsänderung während der Oxidation zurückgeführt werden kann. Das Abdampfen von CrO_3, vor allem in strömendem Reaktionsgas, führt zu Dickenabnahme der gebildeten Cr_2O_3 -Schicht und deren Auf- oder Abplatzen, was durch den Dampfdruck von Cr >1000 °C noch unterstützt werden kann, und damit zu sprunghaftem Verlauf der Oxidationskurven führt.
Der Einfluß der S. E. ist bei Oxidation vor allem in Luft günstig; bei 1100 °C können Verbesserungen des Oxidationswiderstandes um den Faktor 50 bis 100 erreicht werden, wobei neben Cer vor allem Praseodym, Neodym, Terbium und Dysprosium vorteilhaft wirken und zwar bereits in Konzentrationen von 0,03 bis ~0,1 %. In reinem Sauerstoff gehen die günstigen Einflüsse meist verloren; es können dennoch einige Verbesserungen erzielt werden. Sc, Y und Hf haben einen weniger günstigen Einfluß auf den Oxidationswiderstand der Basislegierung "UmCo 50".

Den untersuchten Legierungen ist die Erhöhung der Haftfestigkeit und Temperaturwechselbeständigkeit der Oxidschichten weitgehend gemeinsam. Das ist auf einen besseren "Verkrallungseffekt" des Oxides mit der stark angerauhten Metalloberfläche und eventuell einer Plastizitätserhöhung der Zunderschicht zu erklären.
Bei höheren Zusatzkonzentrationen >0,1 % tritt meist starke inter- und auch intrakristalline innere Oxidation auf. Dem "mechanischen" Einfluß mit erhöhter Oxidhaftfestigkeit ist eine "diffusionstechnische" Einwirkung, vor allem bei geringen Zusatzkonzentrationen ≪ 0,1 %, überlagert. Zwar kann die Chromverarmung der Metallrandzone nicht abgebaut werden, doch scheint durch die bei geringen S. E. -Konzentrationen weitgehend globulitisch ausgeschiedenen S. E. ohne Auftreten innerer Oxidation die Chromdiffusion soweit gehemmt zu werden, daß in der Anfangsphase der Oxidation eine stärkere Co-Cr-Fe- oxidreiche Zunderschicht auf der Metalloberfläche aufwächst, die die nachfolgend gebildete Cr_2O_3-Schutzschicht weitgehend vor Abdampfverlusten schützt und dadurch höheren Langzeitoxidationsschutz bei gut anhaftenden Oxidschichten verursacht.

4. Schrifttumsverzeichnis

1. Sahm, P. R. und M. O. Speidel;
"High Temperature Materials in Gas Turbines"
Ed.: Elsevier Scientific Publ. Co., Amsterdam
London, New York (1974)

2. Sullivan, C. P, M J. Donachie und F. R Morral;
"Cobalt-Base Superalloys - 1970"
Ed.: Centre d' Information du Cobalt, Brüssel, Belgien
(1970)

3. Ullmanns Encyklopädie der technischen Chemie,
4. Aufl., Band 14
Ed.: Verlag Chemie, Weinheim, N. Y. (1977) S. 269-286

4. Giesen, K;
Molybdän Dienst, Heft 6 (1960)
"Entwicklungstendenzen bei Hochtemperaturlegierungen"

5. Bollenrath, F.;
Kobalt Nr. 18 (1963) S. 17 - 25
"Kobalt in Hochtemperaturlegierungen"

6. Delbeke, J;
Cobalt Nr. 8 (1960), S. 3-15
"Application of a New Cobalt-Base Alloy in Metallurgical
Furnaces"

7. Habraken, L und D. Countsouradis;
Kobalt Nr 10 (1961), S. 3 - 21
"Properties of the New Cobalt-Base Alloy UMCo 50"

8. Urbain, M. und V. Rixhon;
Kobalt Nr. 17 (1962), S. 10 - 19
"Einige Anwendungsgebiete der Legierung UMCo 50"

9. Morral, F R, L. Habraken, D. Countsouradis, . M. Drapier
und M. Urbain;
"Microstructure of Cobalt-Base High-Temperature Alloys"
Ed.: Centre d'Information du Cobalt, Brüssel, Belgien
(1963)

10. Urbain, M., P. Blavier und D. Countsouradis;
J. Metals (1964) S. 837 - 842
"Structure, Properties and Applications of UMCo 50 Alloy"

11. Countsouradis, D, J.-M Drapier und A. Davin;
Z. Metallkunde 63 (1972) S. 306 -314
"Hochwarmfeste Kobaltlegierungen"

12. Anonym;
Kobalt Nr. 56 (1972) S. 99 - 113
"Eigenschaften und Anwendungsmöglichkeiten von UMCo 50 und verwandten Kobalt-Chrom-Eisen-Legierungen"

13 Kammel, R ;
Kobalt Nr. 21 (1963) S. 159 - 166
" Über den Angriff von Betriebsschlacken der Blei- und Kupfer-Gewinnungsprozesse auf die Legierung UMCo 50"

14. Urbain, M. ;
Kobalt Nr. 23 (1964) S. 55 - 61
"Neue Anwendungsmöglichkeiten der Legierung UMCo 50, UMCo 51, eine neue Legierung mit verbesserter Zeitstandfestigkeit"

15. Lechat, R. und C P Hallez;
Kobalt Nr. 27 (1965) S. 77-80
"Verwendung von Diamantschleifscheiben bei Flachschleifen von UMCo 50 und UMCo 51"

16 Kobalt und Industrie 2 (1973)
Ed. Centre d' Information du Cobalt, Brüssel, Belgien
"Brennerköpfe aus UMCo 50 für Metallurgische Öfen"

17 Enöckle, H ;
Berg- und Hüttenmännische Monatshefte 114 (1969). S. 351 - 356
"Untersuchungen an einer hitzebeständigen Legierung mit 50 % Co und 30 % Cr und Vergleich mit hitzebeständigen Stählen"

18. van Bleyenberghe;
Kobalt Nr 2 (1959), S. 3-10
"Manufacture and applications of a cobalt-base alloy"

19 Kobalt und Industrie 1 (1973)
Ed. : Centre d' Information du Cobalt, Brüssel, Belgien
"UMCo 50-Nasen für Hubherdöfen"

20. Steinkusch, W. ;
Kobalt Nr. 3 (1973) S. 54 - 59
"Zehnjährige Erfahrung mit der Herstellung und Anwendung von UMCo 50-Legierungen in einem Edelstahlwerk"

21. Kobalt und Industrie 3 (1974)
Ed. : Centre d' Information du Cobalt, Brüssel, Belgien
"Muffeln aus UMCo 50-Legierungen für einen Blankglühofen"

22. Rideout, S., W. D. Manly, E. L. Kamen, B. S. Lement und P A. Beck;
J. Met. 191 (1951), Trans. AIME S. 872 - 876
"Intermediate Phases in Ternany Alloy Systems of Transition Elements"

23 Giesen, K ;
Landolt Börnstein, 6. Aufl., Band IV, Technik, S. 289
"Kobalt und seine Legierungen"

24 Cobalt Monograph (1960) S. 211-215
Ed.: Centre d'Information du Cobalt, Brüssel, Belgien

25 Morral, F. R., L. Habraken, D. Coutsouradis, J. M. Drapier und M. Urbain;
Met. Eng. Quarterly, Amer. Soc. Met. (1969), S. 1-16
"Microstructure of Cobalt-Base High-Temperature Alloys"

26 Baur, O., O. Kröhnke und G. Masing;
"Die Korrosion metallischer Werkstoffe"
Ed.: Verlag von S. Hirzel, Leipzig (1936/38)

27. Wood, G. L.;
Werkstoffe und Korrosion 22 (1971) S. 491-503
"Fundamental Factors Determining the Mode of Scaling of Heat Resistance Alloys"

28 Abramova, N. B., D. V. Ignatov und E. M. Lazarev;
Russ. Journal Physical Chemistry 46, 5 (1972) S. 775-777
"Structural-Kinetic Study of the Oxidizability of Nickel-Chromium Based Alloys."

29 Wright, I G ;
"Oxidation of Iron-, Nickel- and Cobalt-Base Alloys"
Ed : Cobalt Information Center
MCIC 72-07, Metals and Ceramics Information Center (1972)

30. Nakamura, Y.;
Metallurgical Transactions 5 (1974), S. 909 - 913
"The Oxidation Behavior of an Iron-Chromium Alloy Containing Yttrium or Rare Earth Elements Between 900°C and 1200°C"

31. Nakamura, Y.;
Metallurgical Transactions A 5 (1975), S. 2217-2220
"The Oxidation Behavior of an Iron-Nickel Alloy Containing Yttrium or Rare Earth Elements Between 900 and 1200°C"

32. Raman, A.;
Z. Metallkunde 67 (1976) S. 78o - 789
"Uses of Rare Earth Metals and Alloys in Metallurgy"
I. Applications in Ferrous Metals

33. Raman, A.;
Z. Metallkunde 68 (1977) S. 163 - 172
"Uses of Rare Earth Metals and Alloys in Metallurgy"
II. Applications in Non-Ferrous Metals

34. Beltran, A.M.;
Kobalt Nr 46 (1970) S. 3-13
"Die Oxidations- und Hochtemperatur-Korrosionsbeständigkeit von Kobalt-Superlegierungen"

35. Seybolt, A.U.;
Corrosion Sci. 11 (1971) S. 751 - 761
und : General Electric Co, Schenectady, N.Y., USA, Research and Development Center, Final Report, 1. Feb. (1968), 31 Jan (1970)
"Role of Rare Earth Additions in the Phenomena of Hot Corrosion"

36 Davin, A., D. Countsouradis und L. Habraken;
Werkstoffe und Korrosion 22 (1971) S. 517 - 527
"Influence of Alloying Elements on the Hot-Corrosion Resistance of Co-Cr-Alloys"

37 Rahmel, A. und W. Scholz;
Werkstoffe und Korrosion 22 (1971) S. 510 - 513
"Beobachtungen über den Einfluß kleiner Zusätze von Cer-Mischmetall auf das Zunderverhalten von Stählen"

38 Lustmann, B.;
J. Met. 188 (1950) S. 995 - 996
"The Intermittend Oxidation of Some Ni-Cr-Base Alloys"

39 Wukusik, C.S. und J. F. Collins;
Mat. Res. Stand.4 (1964) S. 637-646
"An Iron-Chromium-Aluminum Alloy Containing Yttrium"

40. Beltran, A. M.;
Dissertation Pennselaer Polytechnic Institute (1968)
"The Role of Yttrium in the High Temperature Oxidation Mechanism of Co-3o Cr"

41 Wagenheim, N. T.;
Kobalt Nr. 48 (1970), S 115-125
"Entwicklung gegen Hochtemperaturkorrosion beständiger Kobalt-Legierungen für den Schiffsbau"

42 Antill, J E;
Werkstoffe und Korrosion 22 (1971) S. 513 - 517
"Influence of Minor Alloying Elements on the High Temperature Oxidation Behaviour of a 20 % Cr-25 % Ni-Nb Steel"

43. Elliot, P. und R. K. Ross
Werkstoffe und Korrosion 22 (1971) S. 531 - 540
"Some Aspects of the Performance of Rare Earth Modified Nickel-Base Alloys in Hot Corrosion Conditions"

44 Cannon, J G ;
Precision Metal, Cleveland, Ohio,USA, 30, 7, (1972) S. 32-34
"The Rare Earths - The Energy Storing or Conversion Metals"

45 Weigel, K. und W. Track;
Werkstoffe und Korrosion 23 (1972) S. 1-5
"Einfluß von Calzium und Cer auf das Oxidationsverhalten hochwarmfester Nickelbasislegierungen"

46 Wood, G. L. und D. P. Whittle;
Corrosion Sci. 4 (1964) S. 263-292
"On the Mechanism of Oxidation of Iron-16,4 % Chromium at High Temperature"

47 Krajewski, W.;
"Einfluß von Legierungselementen auf die trockene Hochtemperaturoxidation von Kobalt im Temperaturbereich von 800 - 1000°C in Luft und reinem Sauerstoff"
Dissertation, RWTH Aachen (1971)

48 Breen, J. E. und J. R. Lane;
"Effect of Rare Earth Additions on the High-Temperature Properties of a Cobalt-Base Alloy"
Ed : Narval Research Laboratory, Wash., D C, USA, Apr. (1955)

49 Fischer, W. A. und H. Bertram;
Archiv Eisenhüttenwesen 44, 2 (1973) S. 97 - 108
"Die Wirkung von Zusätzen seltener Erdmetalle auf die Eigenschaften des Baustahls St 52-3"

50 D'Ans-Lax
"Taschenbuch für Chemiker und Physiker"
Bd 1, Makroskopische physikalisch-chemische Eigenschaften
Ed.: Springer-Verlag, Berlin (1967) S. 1/80 bis 1/105
1/199bis 1/599

51 Hansen, M. und K. Anderko;
"Constitution of Binary Alloys"
Ed : McGraw-Hill Book Co, INC., N. Y., Toronto, London (1958)

52 Elliott, R.P. ;
"Contitution of Binary Alloys, First Supplement"
Ed : McGraw-Hill Book Co., INC., N. Y. (1965)

53 Shunk, F.A.;
"Contitution of Binary Alloys, Second Supplement"
Ed : McGraw-Hill Book Co, INC., N. Y. (1969)

54 Buschow, K. H. J. und W. A. J. J. Velge;
J. Less-Comm. Met. 13 (1967) S 11-17
"Phase Relations and Intermetallic Compounds in the Lanthanum-Cobalt System"

55 Buschow, K. H. J. und A.S. van der Goot;
J. Less-Comm. Met. 14 (1968) S. 323-328
"The Intermetallic Compounds in the System Samarium-Cobalt"

56 Novy, V. F. , R. C. Vickery und E. V. Kleber;
Trans. Met. Soc. AIME 221 (1961) S. 588-590
"The Gadolinium-Cobalt System"

57 Buschow, K. H. J. und A.S. van der Goot;
J. Less-Comm. Met. 17 (1969) S. 249-255
"The Intermetallic Compounds in the Gadolinium-Cobalt System"

58 Buschow, K. H. J. und A. S. van der Goot;
J. Less-Comm. Metals 19 (1969) S. 153 - 158
"The Holmium-Cobalt System"

59 Buschow, K. H. J. ;
Z. Metallk. 57 (1966) S. 728-731
"Das Zustandschaubild Erbium-Kobalt"

60 Spedding, F. H. und A. H. Daane;
"The Rare Earths"
Ed : John Wiley and Sons, INC., N. Y. (1961)

61 Ray, A. E. und K. J. Strnat;
"Research and Development of Rare Earth-Transition Metal Alloys as Permanent-Magnet Materials"
Ed : Univeristy of Dayton Research Insitute, Dayton, Ohio, USA (1972)

62 Gschneidner, K. A. ;
"Rare Earth Alloys"
Ed : D. van Nostrand Co, INC., Princeton, New Jersey, USA (1961)

63 Buschow, K. H. J. und F. H. A. den Broeder;
J. Less-Comm. Met. 33 (1973) S. 191 - 201
"The Cobalt -Rich Regions of the Samarium-Cobalt and Gadolinium-Cobalt Phase Diagrams"

64 Martin, D. L., J. G. Smeggil, W. Hatfield und R. Bolon;
IEEE Transactions on Magnetics , Mag-11, 5 (1975)
S. 1420 - 1422
"Eutectoid Decomposition of Co_5Ce"

65 Khan, Y. und D. Feldmann;
J. Less -Comm. Met. 31 (1973) S. 211-220
"Crystal Structure of $SmCo_5$"

66 Oesterreicher, H.;
J. Less-Comm. Met. 32 (1973) S. 385-388
"Structure and Phase Relations of Al substituted
$SmCo_5$, $PrCo_5$, Sm_2Co_{17} and Pr_2Co_{17}"

67 Wallace, W. E. und E. Segal;
"The Rare Earth Intermetallics"
Ed.: Academic Press, N. Y., London (1973)

68 Battelle Memorial Institute;
"The Properties of the Rare Earth Metals and Compounds"
Ed : Battelle Memorial Institute, Columbus, Ohio, USA (1959)

69 Kleber, E. V. und B. Love;
"The Technology of Scandium, Yttrium and the Rare
Earth Metals"
Ed : The Macmillan Comp., N. Y., USA (1963)

70 Nesbitt, E. A. und J. H. Wernick;
"Rare Earth Permanent Magnets"
Ed : Academic Press, N. Y., London (1973)

71 Soveshchanie, Po Novym Napravleniiam v Issledovanii
Primenii Redkozemel'nykh Metallov, Moscow (1963) S. 120

72 Novy, V. F., R.C. Vickery und E. V. Kleber;
Transactions Met. Soc. AIME 221 (1961) S. 580 - 584
"The Gadolinium-Iron system"

73 Meyer, A.;
J. Less-Comm. Met. 18 (1969) S. 41-48
" Das System Erbium-Eisen"

74 van der Goot, A. S. und K. H. J. Buschow;
J. Less-Comm. Met. 21 (1970) S. 151 - 157
"The Dysprosium-Iron System: Structural and Magnetic
Properties of Dysprosium-Iron Compounds"

75 Buschow, K. H. J.;
J. Less-Comm. Met. 25 (1971) S. 131 - 134
"The Samarium-Iron System"

76 Dariel, M. P., J. T. Holthuis und M. R. Pickus;
J. Less -Comm. Met. 45 (1976) S. 91-101
"The Terbium-Iron Phase Diagram"

77 Ray, A. E. und K. J. Strnat;
"Research and Development of Rare Earth-Transition Metal
Alloys as Permanent-Magnet Materials"
Dayton Univeristy Research Inst., Dayton, Ohio, USA
(1973); Technical Report AFML-TR-73-112, S. 2-1 bis 2 - 14

78 Gschneidner, K. A. und J. T. Waber;
"Principles of the Alloying Behavior of Rare-Earth Metals"
in: "The Rare Earths"
Ed : John Wiley and Sons, INC . N. Y., London (1961) S. 386-397

79 Eyring, L ;
"Progress in the Science and Technology of the Rare Earths"
Vol 1
Ed : The Macmillan Comp , N. Y. (1964) S. 152-166

80 Brauer, G ;
"Structural and Solid State Chemistry of Pure Rare Earth Oxids and Hydroxides"
in: "Progress in the Science and Technology of Rare Earths"
(1968) S. 434-458

81 Kieffer, R., P. Ettmayer und Sw. Pajakoff;
Monatshefte für Chemie 103 (1972) S. 1285-1298
"Über Mononitride und stickstoffreiche Nitride der Seltenerdmetalle"

82 Kubaschewski, O., E. LL. Evans und C. B. Alcock;
"Metallurgical Thermochemistry", Datentabellen
Ed : Pergamon Press, London (1967)

83 Rudenko, V. S. und A. G. Boganov;
IZV. Akad. Nauk SSSR 6, 12 (1970) S. 2158 - 2165
"Stoichiometry and Phase-Transitions in Rare Earth Oxids"

84 Wilfong, R. L., L. P. Domingues, L. R. Furlong und J. A. Finlayson;
"Thermal Expansion of the Oxids of Yttrium, Cerium, Samarium, Europium and Dysprosium"
Ed : Bureau of Mines, College Park, Metallurgy Research Center, Md., USA, Rep -Nr. : BM-Ri-6180 (1963)

85 Krestov, G. A. und N. V. Krestova;
Radiokhimiya 11 (1969) S. 62 - 74
"Thermal Characteristics of Crystalline Halides and Oxides of the Rare - Earth and Actinide Elements"

86 Roth, R. S.;
"Phase Equilibria Studies in Mixed Systems of Rare Earth and Other Oxides"
in: Eyring, L.
"Progress in the Science and Technology of the Rare Earths"
Vol. 1
Ed : The Macmillian Comp., N. Y., (1964) S. 167-202

87 Hornmuth, K.;
"Härtetabellen"
Ed. : VEB Fachbuchverlag, Leipzig (1963)

88 Krajewski, W. und H. Winterhager;
Thermochimica Acta 15 (1976) S. 189-203
"Thermogravimetrische Oxidationsversuche und dilatometrische Untersuchungen an binären Kobalt-Chrom-Legierungen"

89 Pilling, N. B. und R. E. Bedworth;
J. Inst. Met. 1 (1923) S 529-582
"The Oxidation of Metals at High Temperatures"

90 Wagner, C.;
Werkstoffe und Korrosion 21 (1970) S. 886-894
"Der Angriff von Metallen durch Gase, 50 Jahre Grundlagenforschung, Rückblick und Ausblick"

91 Mrowec, S. und A. Stocklosa;
Werkstoffe und Korrosion 21 (1970) S. 934-944
"Rationelle Ermittlung und Berechnung parabolischer Zunderkonstanten der Oxidation von Metallen"

92. Wood, G. C. und D. P. Whittle;
Corrosion Sci. 4 (1964) S. 263-292
"On the Mechanism of Oxidation of Iron -16, 4 % Chromium at High Temperature"

93. Tylecote, R. F.;
J. Iron-Steel Inst. Met. 196 (1960) S. 135-141
"Factors Influencing the Adherence of Oxides on Metals"

94 Tylecote, R. F.;
J. Iron-Steel Inst. Met. 195 (1960) S. 380-385
"The Adherence of Oxide Films on Metals"

95 Gemmill, M. G.;
"The Technology and Properties of Ferrous Alloys for High Temperature Use"
Ed : George Newness, Ltd.,London (1966) S. 152-155

96 Campbell, I. E.;
"High Temperature Technology"
Ed. : John Wiley and Sons, INC., N.Y.,(1956)

97 Bénard, J.;
"Oxidation des Métaux", Band 1
Ed. : Gauthier-Villars, Paris (1962)

98 Douglass, D. L.;
Oxidation of Metals 1,1 (1969) S. 127-142
"The Role of Oxide Plasticity on the Oxidation Behavior of Metals: A Review"

99 Holmes, D. R. und W. H. Holmes;
Werkstoffe und Korrosion 23 (1972) S. 741 - 747
"Impressions and Conclusions of the Conference on Mechanical Properties and Adherence of Scale Layers and Their Influence on the Oxidation of Metals"

100 Stringer, J.;
Werkstoffe und Korrosion 23 (1972) S. 747-754
"Stress Generation and Adhesion in Growing Oxide Scales"

101 Tylecote, R. F. und W. K. Appleby;
Werkstoffe und Korrosion 23 (1972) S. 855-859
"Some Factors Influencing the Adherence of Oxides on Metals"

102 Holmes, D. R. und R. T. Pascoe;
Werkstoffe und Korrosion 23 (1972) S. 859-869
"Strain/Oxidation Interactions in Steels and Model Alloys"

103 Gulbransen, E. A. und K. F. Andrew;
J. Electrochem. Soc. 99 (1952) S. 402-406
"A Preliminary Study of the Oxidation and Vapor Pressure of Chromium"

104 Gulbransen, E. A. und K. F. Andrew;
J. Electrochem. Soc. 104 (1957) S. 334-338
"Kinetics of Oxidation of Chromium"

105 Speiser, R., H. L. Johnston und P. Blackburn;
J. Amer. Chem. Soc. 72 (1950) S. 4142-4143
"Vapor Pressures of Inorganic Substances III: Chromium Between 1283-1561 K"

106 Fischer, W. A. und G. Lorenz;
Archiv E.H.-Wesen, 28 (1957) S. 497-503
"Die elektrische Widerstands- und Thermokraftmessung an Cr_2O_3 bei Temperaturen bis 1750^oC"

107 Hay, K. A., F. G. Hicks und D. E. Holmes;
Werkstoffe und Korrosion 21 (1970) S. 900-910
"A Comparison of the Oxidation of Fe-Cr, Ni-Cr and Co-Cr Alloys in Oxygen and Water Vapour"

108 Kubaschewski, O.;
"Gas Metal Equilibria"
in: "Gases in Metals"
Ed : Iliffe Books, Ltd. London (1970) S. 3-21

109 Hay, K. A., F. G. Hicks und D. R. Holmes;
Werkstoffe und Korrosion 21 (1970) S. 917-924
"The Transport Properties and Defect Structure of the Oxide $(Fe,Cr)_2O_3$ formed on Fe-Cr Alloys"

110 Winterhager, H. und W. Krajewski;
"Einfluß geringer Zusätze von Edelmetallen auf das Hochtemperatur-Oxidationsverhalten korrosionsfester Kobaltbasislegierungen"
Forschungsbericht des Landes Nordrhein-Westfalen Nr. 2573 (1976)

111 Caplan, D. und M. Cohen;
J. Electrochem. Soc. 108 (1961) S. 438-442
"The Votalization of Chromium Oxide"

112 Graham, H. C. und H. H. Davis;
J. Amer. Ceram. Soc. 54, 2 (1971) S. 89-93
"Oxidation/Vaporization Kinetics of Cr_2O_3"

113 Croll, J. E. und G. R. Wallwork;
Oxidation of Metals 4, 3 (1972) S 121-140
"The High Temperature Oxidation of Iron-Chromium-Nickel-Alloys Containing O-30 % Chromium"

114 Wood, G. L.;
Oxidation of Metals 2, 1 (1970) S 11-57
"High-Temperature Oxidation of Alloys"

115 Kofstad, P. K. und A. Z. Hed;
Werkstoffe und Korrosion 21 (1970) S. 894-899
"On the Oxidation of Co-35 w% Cr At High Temperatures"

116 Wood, G. C., I. G. Wright, R. Hodgkiess und D. P. Whittle;
Werkstoffe und Korrosion 21 (1970) S. 900 - 910
"A Comparison of the Oxidation of Fe-Cr, Ni-Cr and Co-Cr Alloys in Oxygen and Water Vapour"

117 Hed, A. Z.;
J. Electrochem. Soc. 118 (1971) S. 737-739
"On the Deviations from Parabolic Oxidation of Co-25 w/o Cr at High Temperature"

118 Stringer, J.;
Oxidation of Metals 5, 1 (1972) S. 49-58
"The Functional Form Rate Curves for the High-Temperature Oxidation of Dispersion-Containing Alloys Forming Cr_2O_3 Scales"

119 Morin, F., G. Beranger und P. Lacombe;
Oxidation of Metals 4, 1 (1972) S. 52-61
"Limits of Application for Wagner's Oxidation Theory"

120 Whittle, D. P. ;
Oxidation of Metals 4, 3 (1972) S. 171-179
"Spalling of Protective Oxide Scales"

121 Smithels, D. J. und E. A. Brandes;
"Metals Reference Book", 5. Ed.
Ed. : Butterworths, London (1976) S. 205-208

122 Davin, A., D. Coutsouradis und L. Habraken;
Kobalt Nr 35 (1967) S. 64-71
"Trockene Korrosion von Kobalt-Chrom-Legierungen bei hohen Temperaturen"

123 Tien, J. K. und F. S. Pettit;
Metallurgical Transactions 3 (1972) S. 1587-1599
"Mechanism of Oxide Adherence on Fe-25 Cr-4 Al (Y or Sc) Alloys"

124 Wilfong, R. L., L. P. Domingues, L. R. Furlong und J. A. Finlayson;
"Thermal Expansion of the Oxides of Yttrium, Cerium, Samarium, Europium and Dysprosium"
Bureau of Mines, College Park Metallurgy Research Center, Md.,USA, Rep.-Nr. BM-Ri-6180 (1963)

125 Kofstad, P. und S. Espevik;
J. Less-Comm. Met. 12 (1967) S 382-394
"Kinetic Study of High-Temperature Oxidation of Hafnium"

126 Smithells, C. J. und E. A. Brandes;
"Metals Reference Book", 5. Ed.
Ed : Butterworths, London, Boston (1976), S. 370 - 801

127 Barin, I., O. Knacke und O. Kubaschewski;
"Thermochemical Properties of Inorganic Substances, Supplement"
Ed : Springer-Verlag, Berlin, Heidelberg, N. Y., Verlag Stahleisen mbH, Düsseldorf, (1976)

5. Tabellenanhang

Tabelle 1: Physikalische Kenndaten der verwendeten Legierungselemente [50]

Element	Ordnungszahl	molare Masse [g]	Atomradius [nm]	Ionenradius Me^{3+} [nm]	Dichte [g/cm³]	Schmelztemperatur [°C]	Siedetemperatur [°C]
Cr	24	51,996	1,25	0,63	7,2	1903	2642
Fe	26	55,847	1,28	0,74 (Fe^{2+})	7,87	1536	3070
Co	27	58,933	1,25	0,72 (Co^{2+})	8,9	1493	2880
La	57	138,91	1,86	1,14	6,162	920	3470
Ce	58	140,12	1,82	1,07	6,768	797	3470
Pr	59	140,907	1,82	1,06	6,769	935	3017
Nd	60	144,24	1,82	1,04	7,007	1020	3210
Pm	61	149	1,81	1,06		1035	3200
Sm	62	150,35	1,8-1,9	1,0	7,53	1072	1670
Eu	63	151,96	2,04	1,15	5,24	826	1430
Gd	64	157,25	1,79	0,97	7,886	1312	2800
Tb	65	158,92	1,77	0,93	8,253	1356	2800
Dy	66	162,5	1,77	0,92	8,559	1407/ 1500	2817
Ho	67	164,93	1,75	0,91	8,799	1461	2490
Er	68	167,26	1,75	0,89	9,062	1497	2420
Tm	69	168,93	1,74	0,87	9,318	1545	1720
Yb	70	173,04	1,93	0,86	6,959	824	1520
Lu	71	174,97	1,74	0,85	9,849	1652	3000
Sc	21	44,956	1,63	0,81	2,99	1538	2730
Y	39	88,905	1,79	0,92	4,472	1500	3630
Hf	72	178,49	1,66	0,78 (Hf^{4+})	13,36	2220	5200

Tabelle 2: Ergänzende Angaben zu den binären Systemen Kobalt-Seltene Erden, Kobalt-Scandium, Kobalt-Yttrium und Kobalt-Hafnium

binäres System	an Basismetall (Co) reichste Verbindung		maximale Löslichkeiten [Massen-%]			Schrifttums-angaben
	Zusammen-setzung	Kristall-gittertyp	SE im Grundme-tall	Temp. [°C]	Grundme-tall im SE	
Co-La	$LaCo_{13}$	kub.				54
	$LaCo_5$	hex.				52,60
Co-Ce	$CeCo_5$	hex.				51,52,60
	Ce_2Co_{17}	hex.				53,64,70,77
Co-Pr	$PrCo_5$	hex.				52,60
	Pr_2Co_{17}	hex.				66
Co-Nd	$NdCo_5$	hex.				52,60
	Nd_2Co_{17}	rhomb./hex.				61,67
Co-Sm	$SmCo_5$	hex.				52,60,65
	Sm_2Co_{17}	rhomb./hex.	unlösl.			55,63,66,67
Co-Gd	$GdCo_5$	hex.				52,56,60
	Gd_2Co_{17}	rhomb./hex.	unlösl.			53,57,63
Co-Tb	$TbCo_5$	hex.				52
	Tb_2Co_{17}	rhomb./hex.				67
Co-Dy	$DyCo_5$	hex.				52
	Dy_2Co_{17}	rhomb./hex.				67
	$DyCo_9$					53
Co-Ho	$HoCo_5$	hex.				52,60
	Ho_2Co_{17}	hex.				58,67
Co-Er	$ErCo_5$	hex.				52,59,60
	Er_2Co_{17}	monoklin	<0,5	≧R.T.	< 1,0	52,59
Co-Yb						
Co-Sc	$ScCo_2$	kfz	unlösl.			52,53
Co-Y	YCo_5	hex.	unlösl.		<0,5 bzw.<1	52,60
	Y_2Co_{17}	hex.				53
Co-Hf	$HfCo_2$	kfz				52,53
	$HfCo_6$					126

Tabelle 3: Ergänzende Angaben zu den binären Systemen Eisen-Seltene Erden, Eisen-Scandium, Eisen-Yttrium und Eisen-Hafnium

binäres System	an Basismetall (Fe) reichste Verbindung		maximale Löslichkeiten [Massen-%]			Schrifttumsangaben
	Zusammensetzung	Kristallgittertyp	SE im Grundmetall	Temp. [°C]	Grundmetall im SE	
Fe-La	$LaFe_5$		< 0,25			53,60
Fe-Ce	$CeFe_5$	hex.	0,4	815-1015		51,52,60
	Ce_2Fe_{17}		< 0,1 0,35	600		52,53,126
Fe-Pr	$PrFe_8$					53
	$PrFe_7$	hex.				53
	Pr_2Fe_{17}					70
Fe-Nd	Nd_2Fe_{17}	hex.				53
Fe-Sm	$SmFe_5$	hex.	< 0,2			52,53,60
	Sm_2Fe_{17}	rhomb.				75
Fe-Gd	Gd_2Fe_{17}	hex.			< 0,2	52,53,60,72
Fe-Tb	Tb_2Fe_{17}	hex.	0,2-0,28			76
Fe-Dy	$DyFe_5$	hex.	gering		< 0,1	52,60
	Dy_2Fe_{17}	hex.				74
Fe-Ho	$HoFe_5$	hex.				52,60
	Ho_2Fe_{17}					126
Fe-Er	Er_2Fe_{17}	hex.	< 0,05 unlösl.		< 0,2	52 73
Fe-Yb						
Fe-Sc	$ScFe_2$	kfz	α-Fe: 0,2 γ-Fe: 0,48			53
Fe-Y	Y_2Fe_{17}	hex.	< 1			52,53
	YFe_9					70,126
Fe-Hf	$HfFe_2$	hex.	< 0,32 < 0,19			52,53

Tabelle 4: Ergänzende Angaben zu den binären Systemen Chrom-Seltene Erden, Chrom-Scandium, Chrom-Yttrium und Chrom-Hafnium

binäres System	an Basismetall (Cr) reichste Verbindung		maximale Löslichkeiten [Massen-%]			Schrifttumsangaben
	Zusammensetzung	Kristallgittertyp	SE im Grundmetall	Temp. [°C]	Grundmetall im SE	
Cr-La	keine		2,0 0,13 <0,12	 1260		52,62 62 60
Cr-Ce	keine		<0,34 <2,0 7,0	1260 1520 1780		52,60,62
Cr-Pr	keine		<0,37	1260		52,60,126
Cr-Nd	keine		<0,3	1260		52,60,126
Cr-Sm			unlösl.	1260	<0,2	52,60
Cr-Gd	keine		≪0,25 <0,25	1260 1730	<0,5 <0,1 (1160°C)	52,60 53,60
Cr-Tb	keine		<0,39	1260		52,126
Cr-Dy	keine		0,2 <0,2- <0,5	1260	<0,05	52,60 53
Cr-Ho	keine		<0,22	1260		52
Cr-Er	keine		<0,33	1260	<0,2	52,53
Cr-Yb			unlösl.			52,60
Cr-Sc	keine		<0,3 <0,087			52 53
Cr-Y	keine		<0,1 0,85 0,009 1,21	1240- 1260	1,19	52,53,60,62 53
Cr-Hf	$HfCr_2$	hex.	<1,0	1400		52,53,126

Tabelle 5: Physikalische Kenndaten und mögliche Oxide und Nitride der verwendeten Legierungselemente [50,68,82,127]

Element	Ordnungszahl	Kristallgittertyp R.T.	mittlerer linearer thermischer Ausdehnungskoeffizient $[^{\circ}C^{-1}] \cdot 10^6$ (0 bis 25°C)	Oxide	Nitride
Cr	24	kub.	0 bis 100°C: 6,6	$CrO; CrO_2; CrO_3; Cr_2O_3$	$CrN; Cr_2N$
Fe	26	kub.	0 bis 20°C: 11,5	$FeO; Fe_2O_3; Fe_3O_4$	$Fe_4N; Fe_2N$
Co	27	hex.	0 bis 100°C: 12,6	$CoO; Co_3O_4; (Co_2O_3)$	Co_3N
La	57	hex.	4,9	La_2O_3	LaN
Ce	58	kub.	8,5	$Ce_2O_3; CeO_2; CeO_{1+x}$	CeN
Pr	59	hex.	4,8	$Pr_2O_3; PrO_{1,72}; PrO_{1,833}; PrO_2$	PrN
Nd	60	hex.	6,7	Nd_2O_3; NdO	NdN
Sm	62	trig.	100 - 700°C: 9,8 *	Sm_2O_3	SmN
Gd	64	hex.	6,4	Gd_2O_3	GdN
Tb	65	hex.	7,6	$Tb_2O_3; TbO_{1,71}; TbO_{1,8}$;	TbN
Dy	66	hex.	8,6	Dy_2O_3	DyN
Ho	67	hex.	9,5	Ho_2O_3	HoN
Er	68	hex.	9,2	Er_2O_3	ErN
Yb	70	hex.	25	Yb_2O_3	YbN
Sc	21	hex.	11,4	Sc_2O_3	ScN
Y	39	hex.	0°C: 28,3	Y_2O_3	YN
Hf	72	hex.	20 bis 100°C: 6,6	HfO_2 [125]	HfN

* eigener dilatometrischer Meßwert ($\beta_{100}^{400} = 9 \cdot 10^{-6} [^{\circ}C^{-1}]$; $\beta_{400}^{700} = 10,6 \cdot 10^{-6} [^{\circ}C^{-1}]$; $\beta_{100}^{700} = 9,8 \cdot 10^{-6} [^{\circ}C^{-1}]$), da keine Schrifttumsangaben ermittelt werden konnten.

Thermisches Ausdehnungsverhalten von Samarium bis zu ca. 700°C:

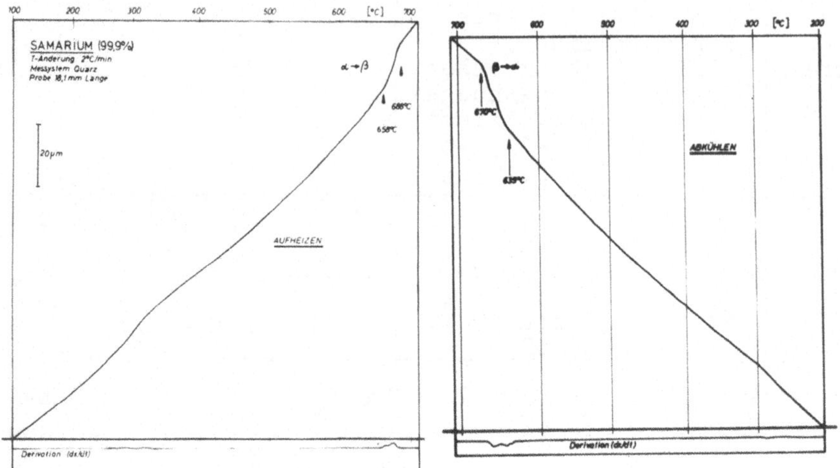

Tabelle 6: Physikalische Kenndaten von Oxiden der verwendeten Legierungselemente [50,84,85,124]

Oxid	molare Masse [g]	Struktur	Dichte [g/cm³]	Schmelztemperatur [°C]	Molvolumen [cm³]	Molvolumenverhältnis $\frac{V_{MeO}}{V_{Me}}$	mittlerer linearer thermischer Ausdehnungskoeffizient β_{T1}^{T2} [K^{-1}] $\cdot 10^6$
CoO	74,93	kub.	5,68-6,46	1800	13,2	1,99	15 (193-1173K)
FeO	71,85	kub.	5,75-5,99	1355	12,5	1,76	12,2 (373-1273K)
Fe_2O_3	159,69	hex.	4,899-5,25	1562	32,6	2,3	14,9[101] (293-1173K)
Cr_2O_3	151,99	trig.	5,21	1900-2440	29,2	2,02	7,3 (373-1273K
CrO_3	99,996	orthrh.	2,8	187-196	35,7	4,94	
La_2O_3	325,82	hex.	6,51	2537	50	1,11	5,2
Ce_2O_3	328,24	hex.	6,86	1963	47,9	1,17	12,1
CeO_2	176,12	kfz	7,2	2223	23,9	1,15	10,7
Pr_2O_3	329,81	kfz/hex.	7,1	2473	46,5	1,12	8,3
Nd_2O_3	336,48	hex.	7,24	2543	46,5	1,13	5,0
Sm_2O_3	348,7	monokl.	7,43	2648	49,9	1,18	9,9-10,81 (373-1273K
		kub.	7,62	2623	45,8	1,15	8,6
Gd_2O_3	362,5	monokl.					10,5
		kub.	7,41	2603	48,9	1,22	8,2
Tb_2O_3	365,84	krz	7,81	2663	46,8	1,22	5,3
Dy_2O_3	373	krz	7,81	2613	47,8	1,26	7,7-8,13 (293-1573K)
Ho_2O_3	377,86	krz	8,36	2663	48,4	1,29	7,9
Er_2O_3	382,75	krz	8,64	2673	44,3	1,2	7,3
Sc_2O_3	137,91	krz	3,89	2673	35,5	1,18	
Y_2O_3	225,81	kub.	5,03	2693	44,9	1,13	8,2 (273-1673K)
HfO_2	404,91	kub.	9,68	3173	21,7	1,62	9 (300-1228K)

Tabelle 7: Analysendaten für Kohlenstoff-, Sauerstoff- und Stickstoffgehalte der vakuumschmelztechnisch hergestellten Legierungen

Legierung [Massen-%]	Gehalte [ppm] an:		
	Kohlenstoff	Sauerstoff	Stickstoff
"UMCo 50" (52,3Co;26,4Cr;21,3Fe)			
Anlieferungszustand	680	190	560
1x elektronenstrahlgeschm.	620	100	310
2x "	600	75	150
3x " (10⁻² Pa)	600	55	70
0,3 %La	600	20	25
0,7 %La	600	50	30
1,2 %La	600	40	20
0,1 %Ce	580	35	15
0,6 %Ce	600	20	25
0,03%Pr	580	18	22
0,6 %Pr	600	50	15
0,03%Nd	600	30	33
0,6 %Nd	570	40	50
0,3 %Sm	600	24	50
0,6 %Sm	570	22	45
0,07%Gd	600	33	40
0,6 %Gd	600	33	50
0,06%Tb	600	27	47
0,5 %Tb	600	34	50
0,07%Dy	590	50	70
0,8 %Dy	540	45	23
0,06%Ho	600	27	50
1,0 %Ho	600	30	40
0,07%Er	600	32	65
0,5 %Er	600	20	30
0,06%Yb	600	20	20
0,45%Yb	600	15	20
0,05%Sc	600	17	40
0,4 %Sc	560	25	50
0,1 %Y	600	27	50
0,7 %Y	600	30	50
2,2 %Y	600	40	45
0,1 %Hf	600	45	50
0,5 %Hf	600	40	50

Wasserstoffgehalte der Legierungen: 5 bis 20 [ppm]

Tabelle 8: Ermittelte Härtewerte nach Vickers der untersuchten Legierungen

Legierung [Massen-%]	Vickers-Härte ($H_{V_{10}}$) [kp/mm²]	[N/mm²]
"UMCo 50" (52,3%Co; 26,4%Cr; 21,3%Fe)	240	2354
0,3% La	234	2296
0,7% La	235	2305
1,2% La	237	2325
0,1% Ce	234	2296
0,6% Ce	242	2374
0,03%Pr	235	2305
0,6 %Pr	254	2492
0,03%Nd	242	2374
0,6 %Nd	251	2462
0,3 %Sm	237	2325
0,6 %Sm	251	2462
0,07%Gd	249	2609
0,6 %Gd	264	2590
0,06%Tb	231	2266
0,5 %Tb	277	2717
0,07%Dy	233	2286
0,8 %Dy	237	2325
0,06%Ho	244	2394
1,0 %Ho	252	2462
0,07%Er	253	2482
0,5 %Er	266	2610
0,06%Yb	232	2276
0,45%Yb	264	2590
0,05%Sc	244	2394
0,4 %Sc	254	2492
0,1 %Y	239	2345
0,7 %Y	265	2597
2,2 %Y	312	3061
0,1 %Hf	245	2404
0,5 %Hf	255	2502

Tabelle 9: Anhand von Dilatometeraufnahmen ermittelte Gitterumwandlungen und Längenänderungssprünge im Umwandlungsbereich von UMCo 50 und einigen UMCo 50-SE-Legierungen

Legierung (Zusammensetzung in [Massen-%]	Gitterumwandlungstemperaturen und Längenänderungssprünge im Umwandlungsbereich							
	Aufheizen						Abkühlen	
	1. Umwandlung			2. Umwandlung			Rückumwandlung	
	Beginn [°C]	Ende [°C]	Sprung [Längen-%]	Beginn [°C]	Ende [°C]	Sprung [Längen-%]	Beginn [°C]	Ende [°C]
"UMCo 50" (52,3 Co; 26,4 Cr; 21,3 Fe)	350	389	$<2\cdot10^{-2}$	668	721	$<5\cdot10^{-2}$	150	$\leqq 60$
0,8 % Dy	393	430	$1,1\cdot10^{-2}$	655	718	$7,1\cdot10^{-2}$	143	$\leqq 73$
~0,1 % Y	308	378	$3,4\cdot10^{-2}$	600	632	$1,1\cdot10^{-2}$	138	$\leqq 73$
0,7 % Y	392	419	$0,6\cdot10^{-2}$	675	718	$2,2\cdot10^{-2}$	150	$\leqq 72$
2,2 % Y	---	---	---	665	710	$2,6\cdot10^{-2}$	110	$\leqq 62$

Temperaturänderungsgeschwindigkeit: 1°C/min

Tabelle 10: Im Netzsch-Vakuum-Hochtemperatur-Dilatometer ermittelte mittlere lineare thermische Ausdehnungskoeffizienten der untersuchten Legierungen

Legierung [Massen-%]	mittlere lineare thermische Ausdehnungskoeffizienten B_{T1}^{T2} [$^{o}C^{-1} \cdot 10^{6}$]		
	B_{100}^{500}	B_{500}^{900}	B_{100}^{900}
"UMCo 50" (52,3Co; 26,4Cr;21,3Fe)	16,8	22,4	19,6
0,3 %La	17,8	22,3	20,0
0,7 %La	16,8	21,4	19,1
0,6 %Ce	16,6	22,8	19,7
0,6 %Pr	17,2	21,6	19,4
0,6 %Nd	15,8	21,7	18,8
0,6 %Sm	16,8	21,4	19,1
0,6 %Gd	17,2	23,0	20,3
0,5 %Tb	17,9	22,7	20,3
0,8 %Dy	17,8	22,9	20,3
1,0 %Ho	17,8	22,2	20,0
0,5 %Er	17,2	22,4	19,8
0,45%Yb	17,6	22,7	19,9
0,4 %Sc	16,3	21,3	18,8
~0,1 %Y	18,9	21,5	20,2
0,7 %Y	16,7	22,2	19,4
2,2 %Y	16,3	20,9	18,6
0,5 %Hf	17,0	22,7	19,9

Temperaturänderungsgeschwindigkeit: 2°C/min

Probenabmessungen: 5 mm Ø; 30 mm Länge.

Tabelle 11: Thermogravimetrisch ermittelte und nach graphischer Auftragung der Versuchswerte lg k gegen 1/T für 1100, 1200 und 1300°C bestimmte "Wagner'sche Zunderkonstanten" von UMCo 50, UMCo 50-SE-, UMCo 50-Sc-, UMCo 50-Y- und UMCo 50-Hf-Legierungen nach 20-stündiger Oxydation in Luft und reinem Sauerstoff

Legierung (Zusammensetzung in [Massen-%])	Tammann-Wagner'sche Zunderkonstante $k[g^2/m^4 \cdot h]$					
	Reaktionsgas: Luft			Reaktionsgas: reiner Sauerstoff		
	1100°C 1373 K	1200°C 1473 K	1300°C 1573 K	1100°C 1373 K	1200°C 1473 K	1300°C 1573 K
UMCo 50 (52,3 Co; 26,4 Cr; 21,3 Fe)	2,3	16	89	0,35	5	46,3
0,1 % La	3,7	10,5	3162	(x)0,07	1,2	172
0,3 % La	4	42	347	4	65	184
0,7 % La	(x)1,4	15,5	193	2,2	11,2	200
1,2 % La	4	31	550	8	219	324
0,1 % Ce	(x)0,02	(x)3	195	2	130	1462
0,6 % Ce	(x)0,04	(x)2	(x)78	3,2	170	10500
0,03% Pr	(x)0,4	(x)0,6	1100	1	(x)4	427
0,6 % Pr	(x)0,8	(x)2	(x)18	3	7	266
0,03% Nd	(x)0,03	(x)1,4	(x)15	3,1	14	(x)25
0,6 % Nd	(x)0,2	(x)1	1100	0,9	13	(x)26
0,1 % Sm	7	26	794	(x)0,3	(x)4	54
0,3 % Sm	5	(x)8,3	97	34	87	120
0,6 % Sm	13	16	(x)21	7	50	65
0,07% Gd	(x)0,07	19	(x)12	33	89	62
0,6 % Gd	4	26	84	18	11	88
0,06% Tb	(x)0,8	23	96	6,3	44	100
0,5 % Tb	(x)0,2	16	78	2,8	17	40
0,07% Dy	(x)0,03	21	101	1,2	54	127
0,8 % Dy	(x)0,03	30	(x)66	6	100	197
0,06% Ho	4	26	84	4	20	88
1,0 % Ho	(x)1	(x)4	(x)69	1,6	34	1778
0,07% Er	(x)1,7	(x)8	(x)66	1,8	79	582
0,5 % Er	(x)1,2	(x)4	102	0,4	50	500
0,06% Yb	2,9	30	129	0,4	11	61
0,45% Yb	3	33	137	0,6	12	80
0,05% Sc	13	35	(x)55	5,6	65	120
0,4 % Sc	6	104	247	7,5	76	244
0,08% Y	5,4	65	631	1,6	5	164
0,15% Y	24,3	72	131	7,5	49	496
0,7 % Y	80	123	243	7	23	126
2,2 % Y	10,4	139	230	14	110	207
0,1 % Hf	5	54	277	3,3	45	125
0,5 % Hf	5,7	66	2355	6	71	631

(x) kennzeichnet die thermogravimetrisch ermittelten niedrigeren Oxydationskonstanten im Vergleich zu reinem "UMCo 50"

Tabelle 12: Anhand von thermodynamischen Tabellen [82] berechnete freie Energien der Bildung einiger Oxide der verwendeten Legierungselemente

Oxid	berechnete freie Energie der Oxidbildung (1473 K ≙ 1200°C) [kcal/mol]	[kJ/mol]
Cr_2O_3	-176,3	-740,5
$Fe_{0,95}O$	- 40,0	-168
CoO	- 31,0	-130,2
La_2O_3	-347,4	-1459
CeO_2	-188	-790
Pr_2O_3	-276,8	-1163
Nd_2O_3	-272,1	-1143
Sm_2O_3	-329,8	-1385
Gd_2O_3	-332,5	-1397
Tb_2O_3	-436,8	-1835
Dy_2O_3	-337,8	-1415
Ho_2O_3	-344,1	-1445
Er_2O_3	-347,6	-1460
Yb_2O_3	ca. -320	ca. -1344
Sc_2O_3	-350,3	-1471
Y_2O_3	-351,1	-1475
HfO_2	-199,2	- 837

Tabelle 13: Thermogravimetrisch ermittelte und nach graphischer Auftragung der Versuchswerte lg k gegen 1/T für 1100, 1200 und 1300°C bestimmte "Wagner'sche Zunderkonstanten" von UMCo 50 nach 20-stündiger Oxydation in gereinigtem Stickstoff (0,001% O_2), Luft und reinem Sauerstoff

Reaktionsgas	Tammann-Wagner'sche Zunderkonstanten k $[g^2/m^4 \cdot h]$ Temperatur					
	1100°C 1373 K		1200°C 1473 K		1300°C 1573 K	
	k	lg k	k	lg k	k	lg k
gereinigter Stickstoff (0,001% O_2)	55	1.7404	82	1.9138	151	2.1790
Luft (~21% O_2)	2,3	0.3617	16	1.2041	89	1.9494
reiner Sauerstoff	0,35	-0.4559	5	0.6990	46,3	1.6656

Reaktionsgasspülung: 200 ml/min

Tabelle 14: Kleinmengen-Bezugspreise für Seltene Erden sowie Scandium, Yttrium und Hafnium

Metall	Kleinmengen-Preise [DM/g] bei Mindestabnahme von:	
	10 g	100 g
Lanthan (La)	3,--	1,85
Cer (Ce)	3,--	1,85
Praseodym (Pr)	4,20	2,73
Neodym (Nd)	2,70	1,75
Samarium (Sm)	4,70	3,72
Europium (Eu)	61,--	44,80
Gadolinium (Gd)	18,60	11,98
Terbium (Tb)	14,--	11,--
Dysprosium (Dy)	6,--	3,87
Holmium (Ho)	10,70	7,81
Erbium (Er)	7,--	4,48
Thulium (Tm)	60,60	48,36
Ytterbium (Yb)	5,40	4,02
Lutetium (Lu)	125,10	104,67
Scandium (Sc)	51,--	44,--
Yttrium (Y)	7,--	5,10
Hafnium (Hf)	10,40	4,35/2,02

6. Abbildungen

Nominelle Zusammensetzung von Superalloys auf Kobalt-Basis; (*C*) = Gußlegierung

Handelsname	Zusammensetzung [Massen-%]; Rest Kobalt											
	C	Cr	Ni	Mo	W	Nb	Ta	Ti	B	Zr	Fe	Andere
(*C*) HS-31 (X-40)	0,5	25,5	10,5	–	7,5	–	–	–	0,01	–	2	–
(*C*) HS-21 (Mod. Vitallium)	0,25	27	3	5	–	–	–	–	–	–	1	–
S-816	0,38	20	20	4	4	4	–	–	–	–	4	–
HA-25 (L-605)	0,1	20	10	–	15	–	–	–	–	–	–	–
(*C*) HE-1049	0,4	26	10	–	15	–	–	–	0,4	–	≤ 3	–
UMCo-50	0,1	28	–	–	–	–	–	–	–	–	21	–
(*C*) ML-1700	0,2	25	–	–	15	–	–	–	0,4	–	–	–
J-1570	0,2	20	28	–	7	–	–	4	–	–	2	–
J-1650	0,2	19	27	–	12	–	2	3,8	0,02	–	–	–
(*C*) WI-52	0,45	21	≤ 1	–	11	2	–	–	–	–	2	–
(*C*) HA-151	0,5	20	–	–	12,7	–	–	–	0,05	–	–	–
(*C*) MAR-M 302	0,85	21,5	–	–	10	–	9	–	0,005	0,2	–	–
(*C*) Mar-M 322	1,0	21,5	–	–	9	–	4,5	0,75	–	2,25	–	–
(*C*) X-45	0,25	25,5	10,5	–	7,5	–	–	–	0,01	–	2	–
NASA-CoWRe	0,4	3	–	–	25	–	–	1	–	1	–	2 Re
(*C*) AiResist 13	0,45	21	≤ 1	–	11	2	–	–	–	–	≤ 2,5	3,5 Al; 0,1 Y
(*C*) MAR-M 509	0,6	24	10	–	7	–	3,5	0,2	–	0,5	–	–
UMCo-51	0,3	28	–	–	–	2,1	–	–	–	–	19	–
AiResist 213	0,18	19	–	–	4,7	–	6,5	–	–	0,15	–	3,5 Al; 0,1 Y
MAR-M 918	0,05	20	20	–	–	–	7,5	–	–	0,1	–	–
HA-188	0,1	22	22	–	14	–	–	–	–	–	1,5	0,08 La
(*C*) AiResist 215	0,35	19	–	–	4,5	–	7,5	–	–	0,13	–	4,3 Al; 0,17 Y
CM-7	0,1	20	15	–	15	–	–	1,3	–	–	–	0,5 Al
(*C*) FSX-414	0,35	29,5	10,5	–	7	–	–	–	0,01	–	2	–

Bruchfestigkeit [MN/m^2] einige Superalloys auf Kobalt- und Nickel-Basis

Bezeichnung oder Handelsname	815°C		870°C		980°C		1095°C	
	100 h	1000 h	100 h	1000 h	100 h	1000 h	100 h	1000 h
Kobalt-Basis								
(*C*) HS-21 (Mod. Vitallium)	152	98	115	91	65	48	–	–
(*C*) HS-31 (X-40)	179	138	134	103	76	55	–	–
(*C*) X-45	131	103	96	69	48	31	–	–
(*C*) FSX-414	152	117	110	83	55	34	21	–
(*C*) WI-52 (HA-152)	–	–	172	152	96	76	34	–
(*C*) HA-151	255	228	186	165	96	79	–	–
S-816	172	124	107	69	–	–	–	–
(*C*) S-816 + 1 %B	301	223	206	145	100	54	–	–
J-1570	228	165	158	110	–	–	–	–
J-1650	317	228	220	145	90	–	–	–
(*C*) MAR-M 302	276	207	207	158	110	76	41	28
(*C*) MAR-M 322	276	193	228	158	138	103	69	55
(*C*) MAR-M 509	269	228	200	138	117	90	55	38
HA-25 (L-605)	165	117	107	72	48	26	–	–
HA-188	154	110	105	70	41	25	15	–
MAR-M 918	207	138	110	76	41	22	17	–
Nickel-Basis								
Nimonic 80 A	193	116	–	–	–	–	–	–
Nimonic 90	239	154	139	77	–	–	–	–
Nimonic 105	324	224	139	134	68	32	–	–
Nimonic 115	402	309	301	201	121	70	–	–
Udimet 700	400	296	290	200	110	52	–	–
(*C*) B-1900	503	379	386	255	179	106	–	–
(*C*) MAR-M 200	524	413	400	290	186	131	76	45
Hastelloy X	107	69	69	48	36	21	–	–
Rene 41	310	200	193	117	69	–	–	–

Abb. 1: Nominelle Zusammensetzung und Bruchfestigkeit von "Superlegierungen" auf Kobaltbasis [2)]

Element	Effekt
Chrom	Verbesserung der Oxidations- und Heißkorrosionsbeständigkeit; Härtung durch Carbidbildung (Cr_7C_3 und $Cr_{23}C_6$)
Molybdän Wolfram	Härteverstärkender Effekt durch Ausscheidung fester Lösungen; Härtung durch Ausscheidung intermetallischer Verbindungen (Co_3Me) und Bildung von Carbiden Me_6C
Tantal Niob	Härteverstärkender Effekt durch Ausscheidung fester Lösungen; Härtung durch Ausscheidung intermetallischer Verbindungen (Co_3Me) und Carbidbildung (MeC und Me_6C)
Aluminium	Verbesserung der Oxidationsbeständigkeit; Bildung der intermetallischen Verbindung CoAl
Titan	Härtung durch Bildung von Carbiden (TiC) und intermetallischen Verbindungen (Co_3Ti); bei entsprechend hohem Nickel-Gehalt Härtung durch Ausscheidung der intermetallischen Verbindung Ni_3Ti
Nickel	Stabilisierung der kubisch-flächenkonzentrierten Matrix; Härtung durch Ausscheidung der intermetallischen Verbindung Ni_3Ti; Verbesserung der Schmiedbarkeit
Bor Zirkonium	Härtung durch Einwirkung auf die Korngrenzen und durch Ausscheidungen; bei Zirkonium-Zusatz Härtung durch ZrC-Abscheidung
Kohlenstoff	Härtung durch Carbidbildung (MeC, Me_7C_3, $Me_{23}C_6$ und möglicherweise Me_6C)
Yttrium Lanthan	Zunahme der Oxidationsbeständigkeit

Abb. 2: Einfluß verschiedener Zusatzelemente auf die Eigenschaften von "Superlegierungen" auf Kobaltbasis

Zusammensetzung [Massen-%]:		Co 47–52 Cr 26–30 Fe ~21 C 0,05–0,12 Rest Si, Mn, S, P
Liquidustemperatur:		1395° C
Solidustemperatur:		1380° C
Dichte:		8,05 [g/cm³]
Wärmeausdehnungskoeffizient: (0–1000° C)		$16{,}8 \cdot 10^{-6}$ [° C^{-1}]
Wärmeleitfähigkeit:		0,09002 [J/cm · s · ° C]
Zugfestigkeit (geschmiedet):		
(σ_B) R. T.:		924 [N/mm²]
1000° C:		79 [N/mm²]
E-Modul:		218 000 [N/mm²]
Zeitstandfestigkeit: (1000 h)		
gegossen:	950° C:	11 [N/mm²]
geschmiedet:	700° C:	117 [N/mm²]
	900° C:	18 [N/mm²]
Vickershärte:	R. T. HV_{100}:	
	gegossen	250
	geschmiedet	350
	800° C HV_5	
	gegossen	107
	geschmiedet	160

TYPISCHE MECHANISCHE EIGENSCHAFTEN VON UMCo 50 (GUSS)

Temperatur °C	Härte (HV)	Zugfestigkeit N/mm²	Zugfestigkeit kp/mm²	Dehngrenze N/mm²	Dehngrenze kp/mm²	Dehnung %
RT	250	549,5	56,0	314,0	32,0	8
700	163	196,0	20,0	147,0	15,0	19
900	72	127,5	13,0	108,0	11,0	9
1000	–	78,5	8,0	68,5	7,0	18

Abb. 3: Werkstoffkenndaten von "UMCo 50" [8,10,14-17]

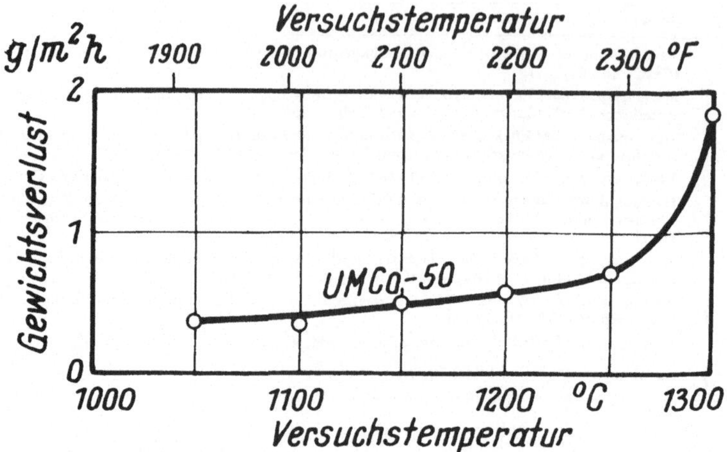

Abb. 4: Oxidationsverhalten von UMCo50 in ruhender Luft bei Temperaturen von 1050 bis 1300°C [12)]

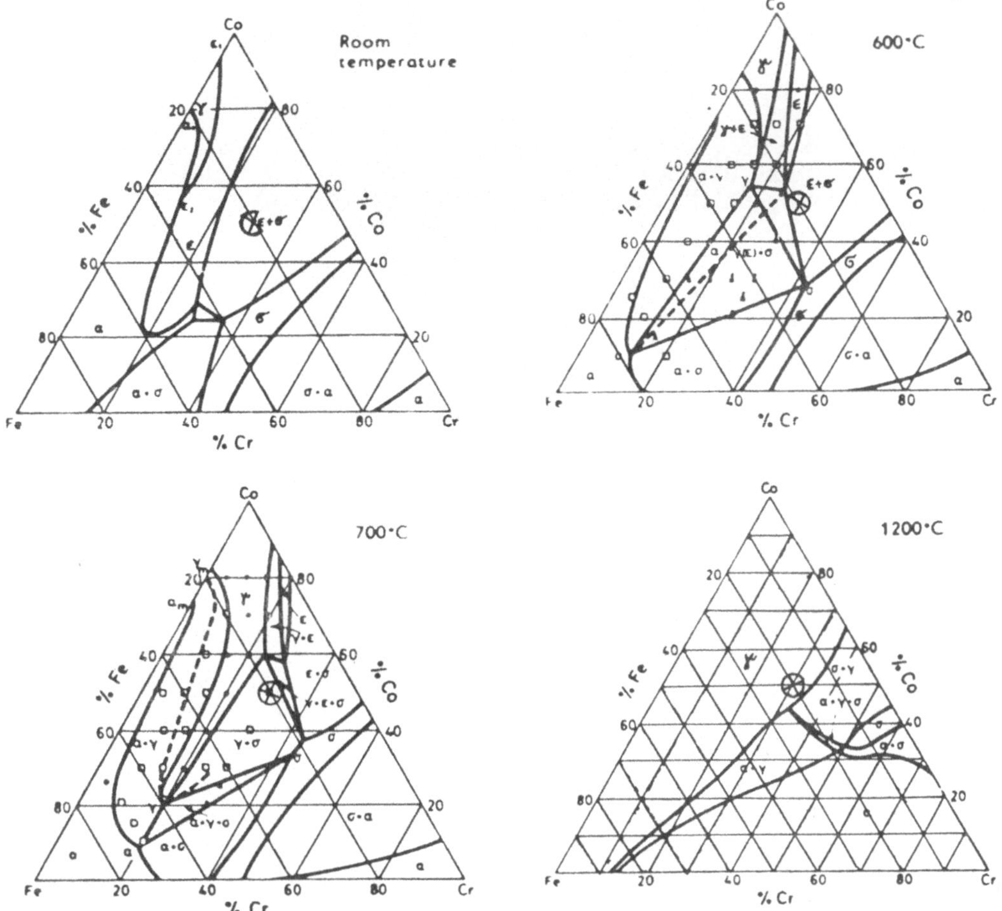

Abb. 5: Das ternäre System Co-Cr-Fe in isothermen Schnitten bei R.T., 600°C, 700°C und 1200°C [10]
(Die Kennzeichnung ⊗ gibt etwa die Lage von UMCo50 an)

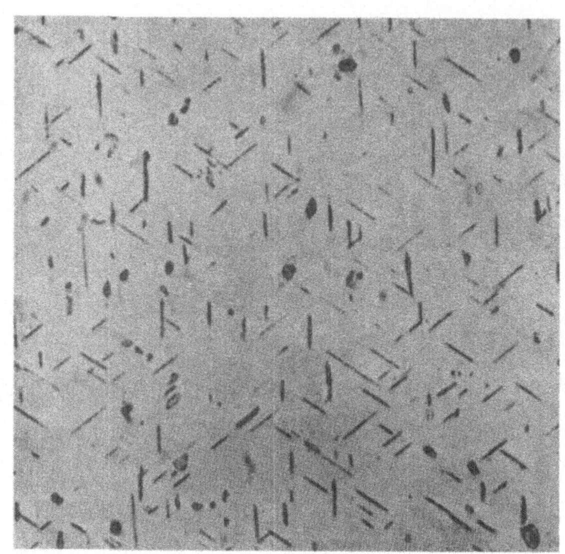

Abb. 6: σ-Ausscheidungen in ε-Matrix von UMCo 50 (Vergrößerung 400-fach)

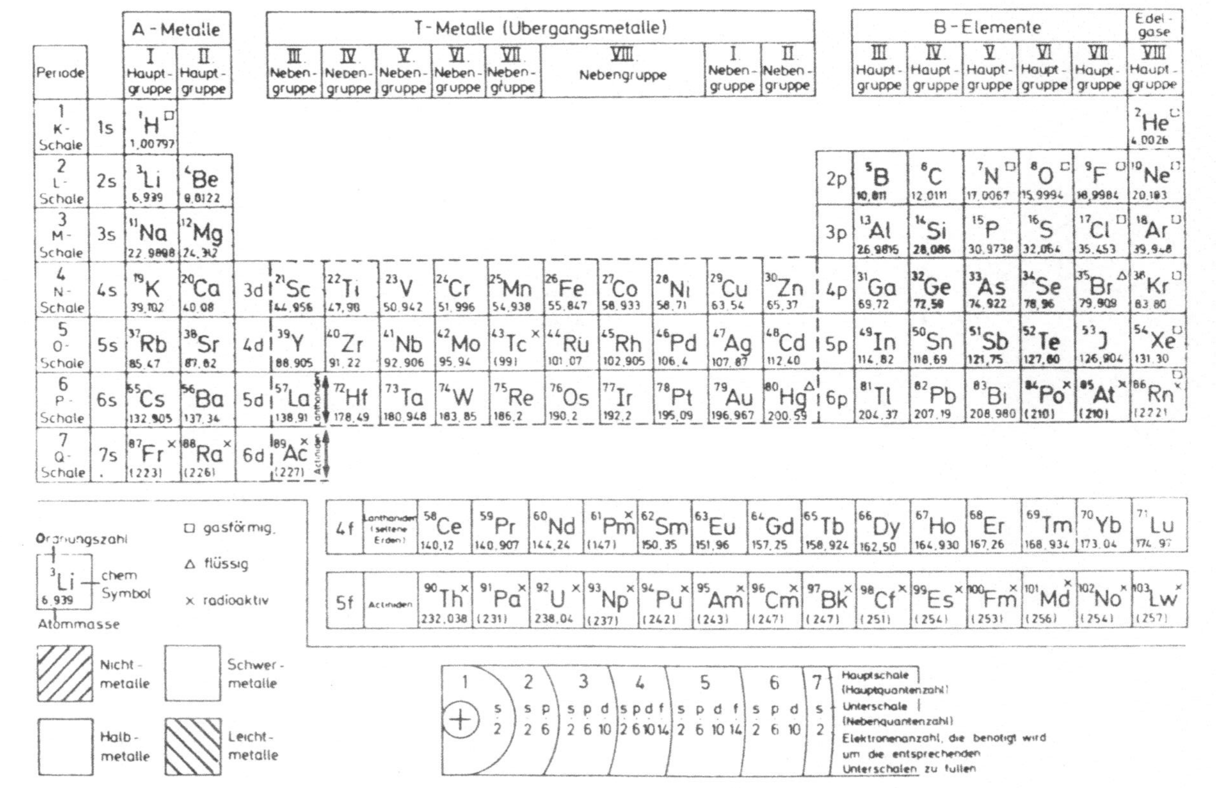

Langperiodisches System der Elemente

Abb. 7: Periodensystem der Elemente

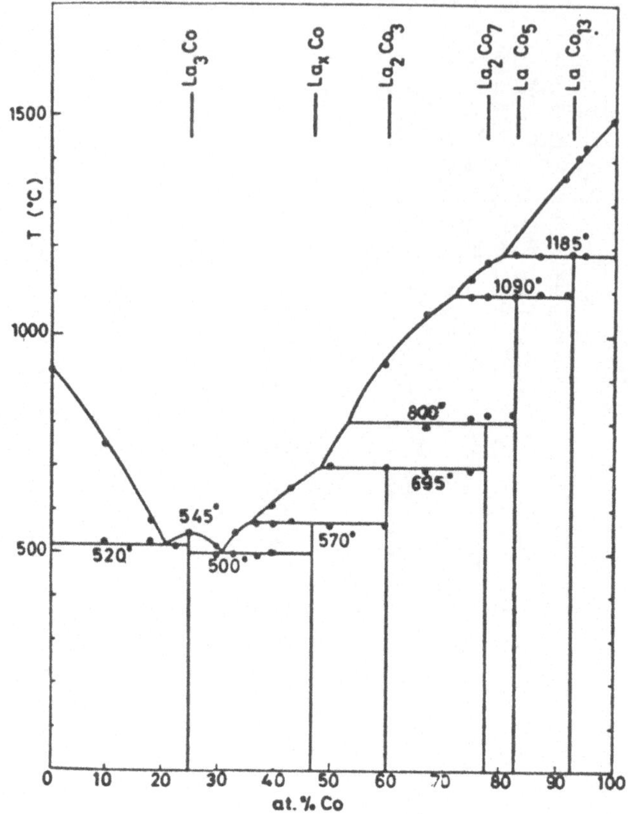

Abb. 8: binäres System Kobalt-Lanthan [54,70]

WEIGHT PER CENT CERIUM
TEMPERATURE, °C
ATOMIC PER CENT CERIUM
1495°
1205°
1145°
1100°
1035°
440°
480°
415°
(780°)
$CeCo_5$
$CeCo_4$?
$CeCo_3$?
$CeCo_2$
Ce_3Co
Ce-Co

51, 60)

ATOM PERCENT COBALT
TEMPERATURE °C
WEIGHT PERCENT COBALT
Ce
Co
1495°
1205°
1145°
1100°
1035°
797°
468°
440°
432°
16% (?)
7% (?)
$CeCo_2$
$CeCo_3$
62.7% $CeCo_4$ (?)
$CeCo_5$
Ce_3Co(?)
12.3% (?)
45.7%
55.8%
67.8%

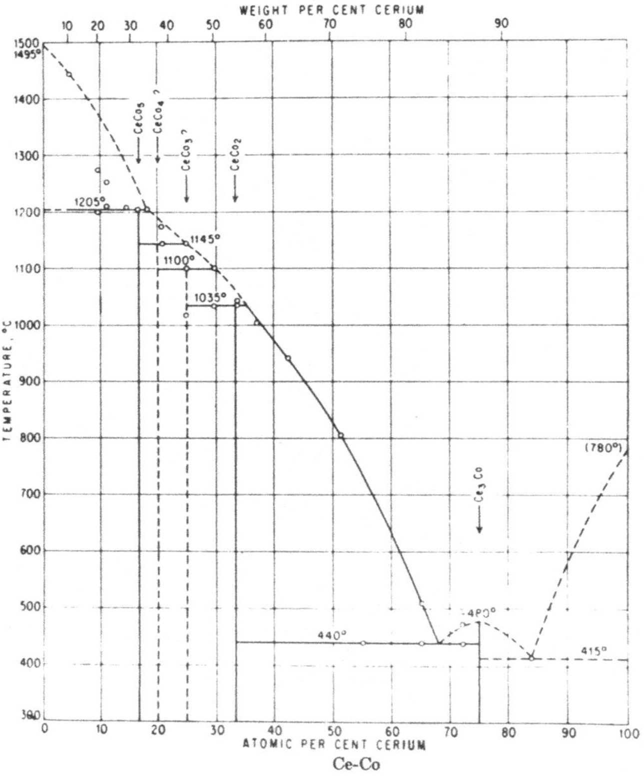

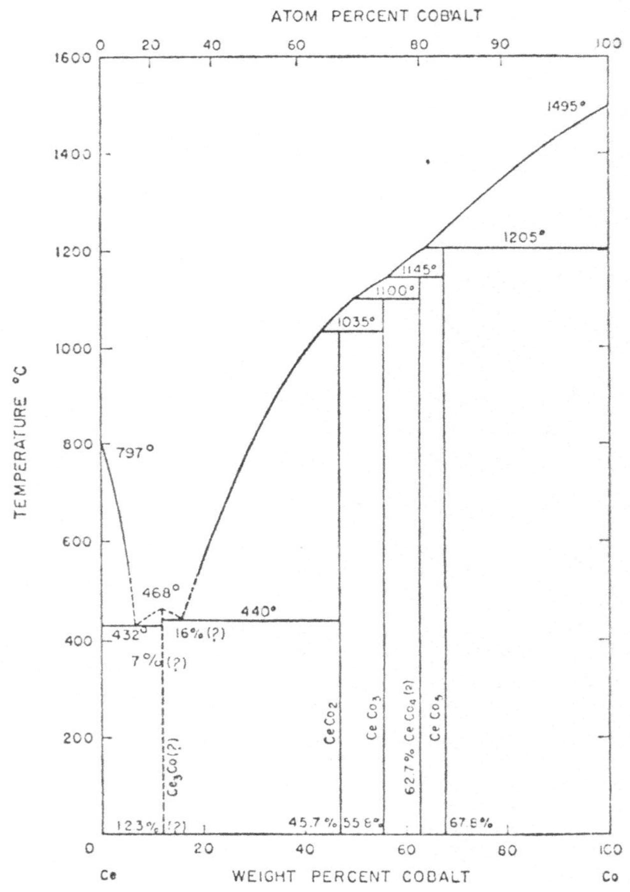

62)

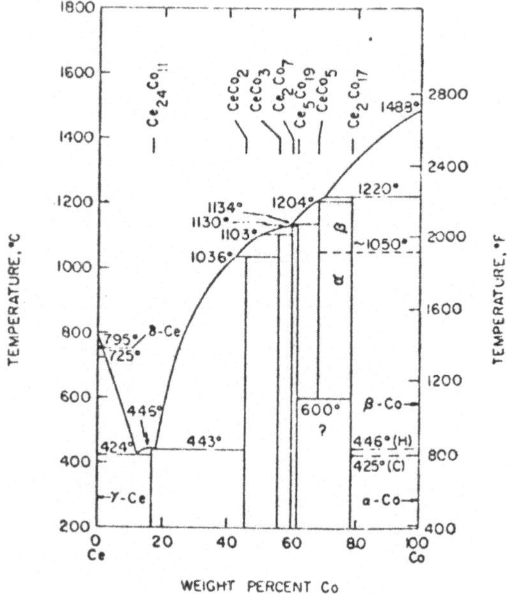

64)

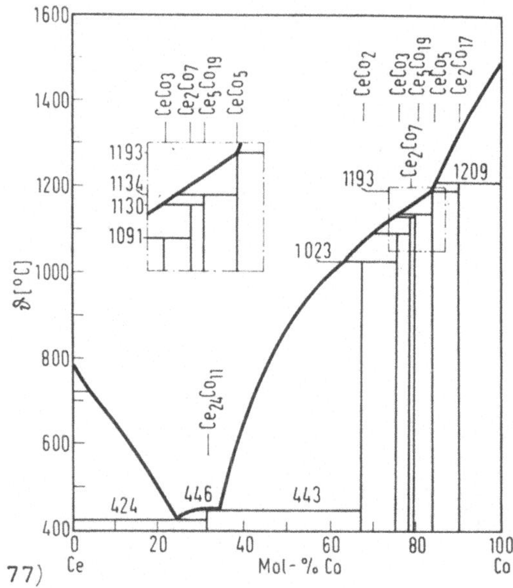

77)

Abb. 9: binäres System Kobalt-Cer [51,60,62,64,77]

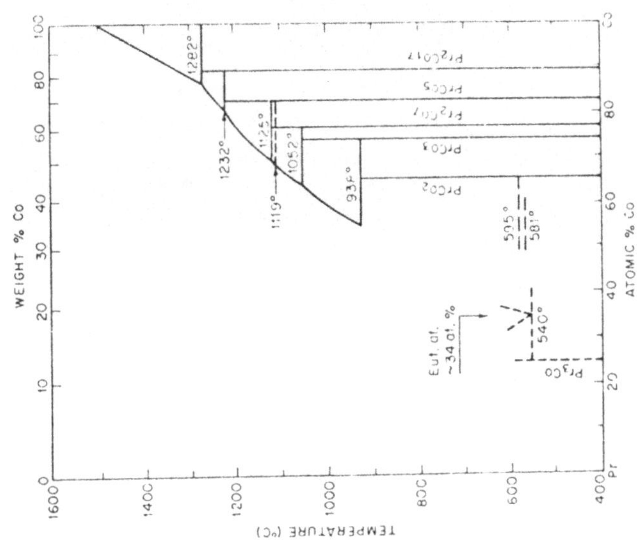
WEIGHT % Co
TEMPERATURE (°C)
ATOMIC % Co
Pr
Co
Pr2Co17
PrCo5
Pr2Co7
PrCo3
PrCo2
Pr3Co
1282°
1232°
1052°
1119°
595°
581°
540°
Eut. at.
~34 at. %

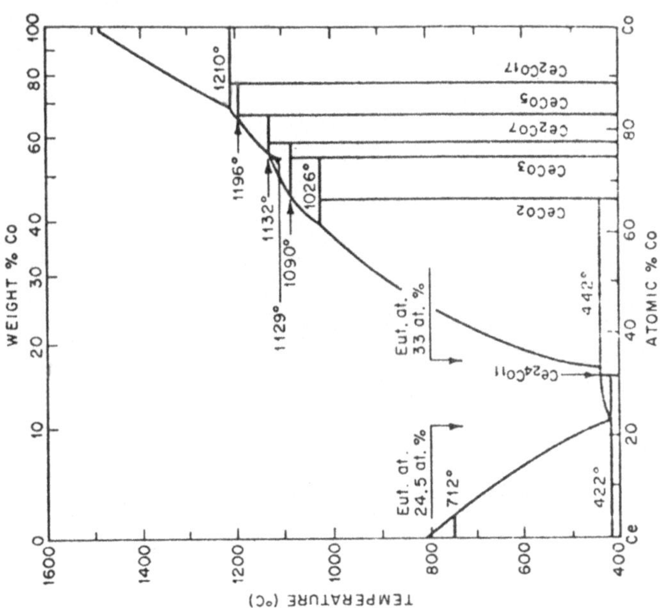
WEIGHT % Co
TEMPERATURE (°C)
ATOMIC % Co
Ce
Co
Ce2Co17
CeCo5
Ce2Co7
CeCo3
CeCo2
Ce24Co11
1210°
1196°
1132°
1129°
1090°
1026°
442°
422°
712°
Eut. at.
33 at. %
Eut. at.
24.5 at. %

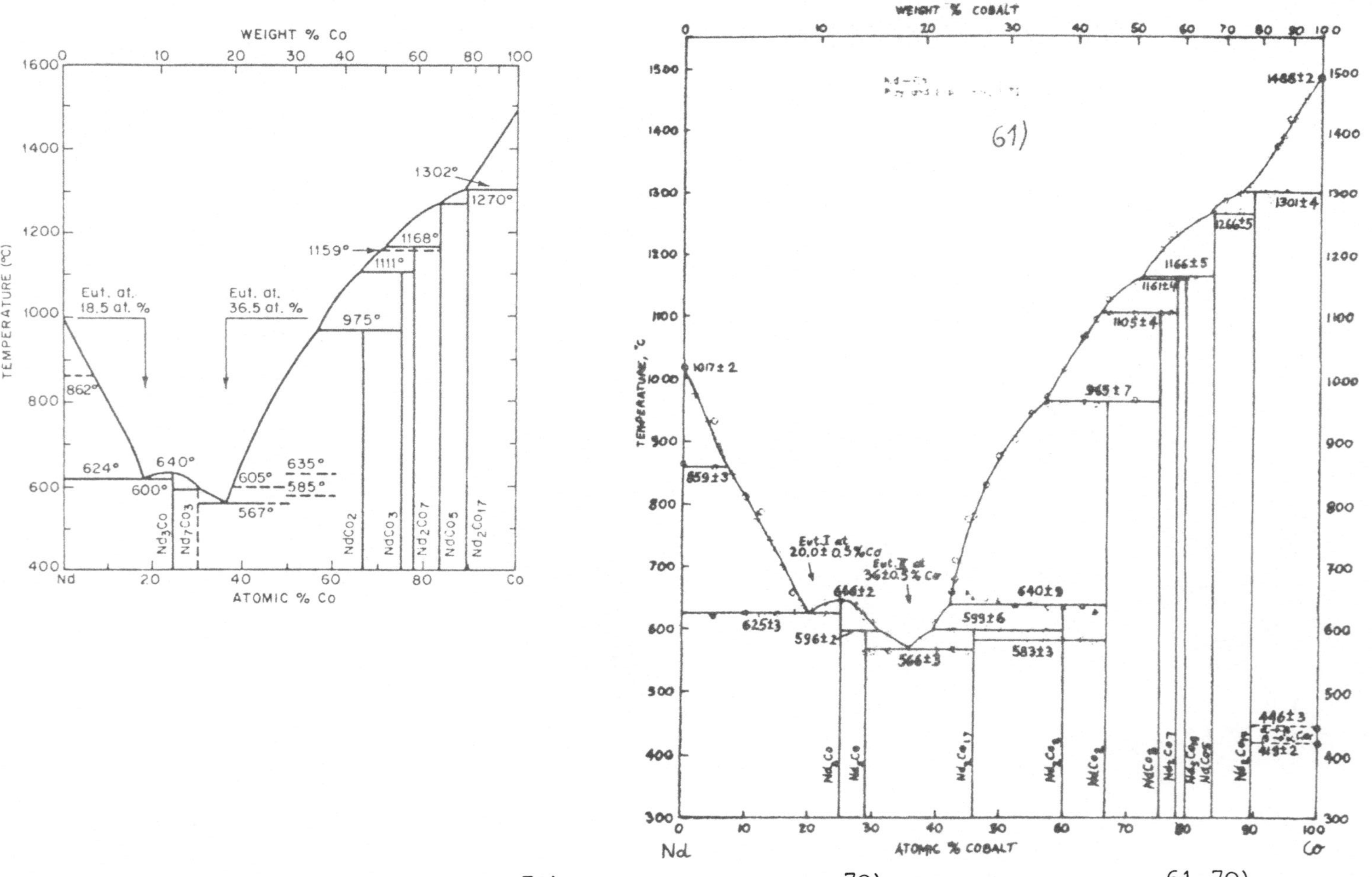

Abb. 10: binäre Systeme Kobalt-Cer [70], Kobalt-Praseodym [70] und Kobalt-Neodym [61,70]

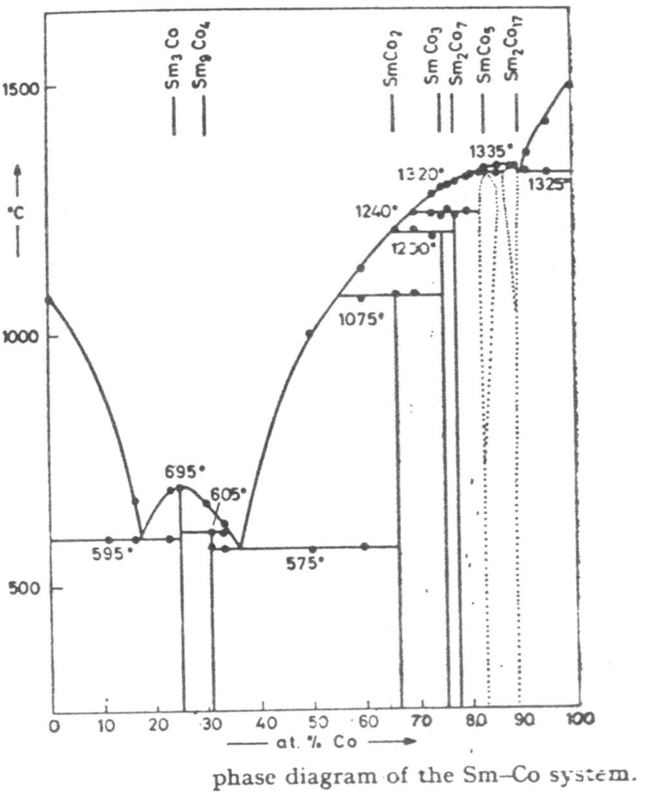

phase diagram of the Sm–Co system.

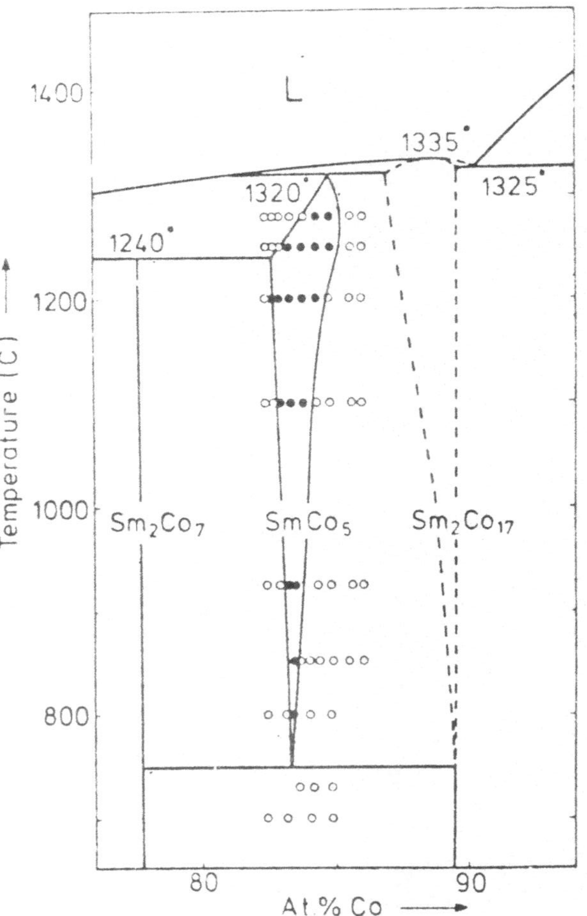

Abb. 11: binäres System Kobalt-Samarium [55,70] und kobaltreiches Randsystem [63]

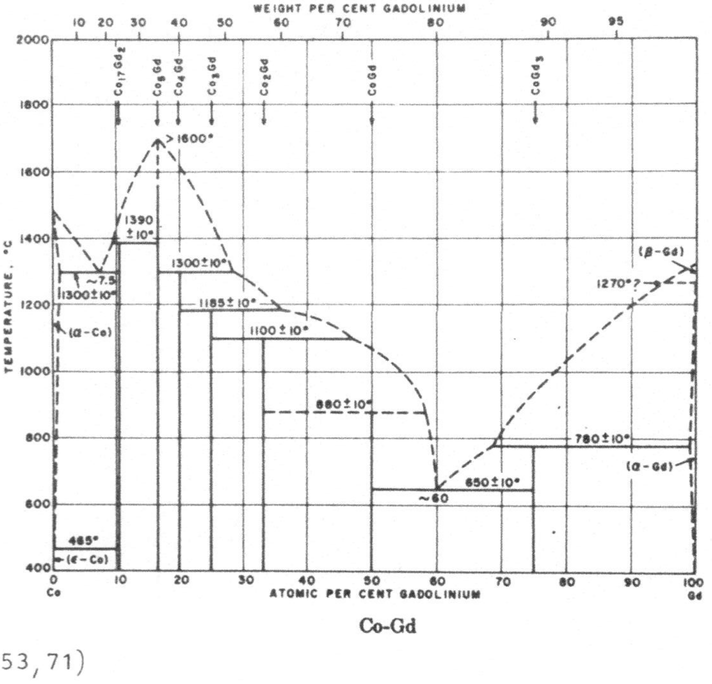

Co-Gd

53,71)

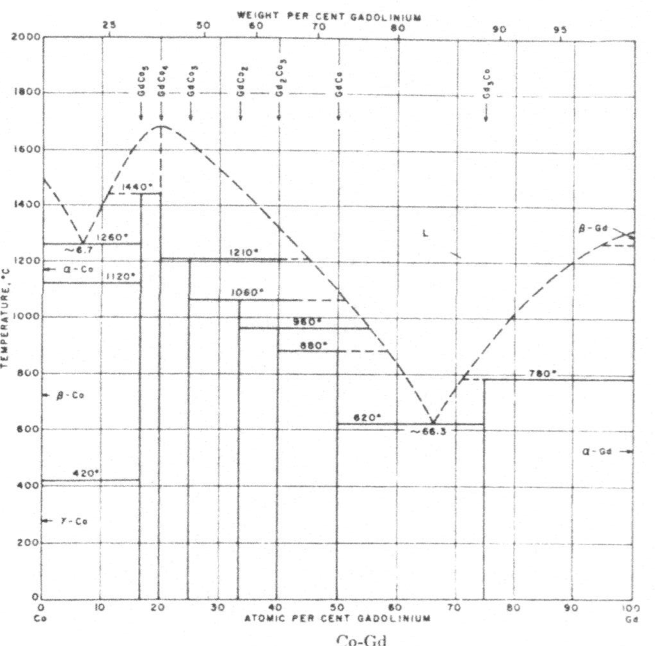

Co-Gd

52)

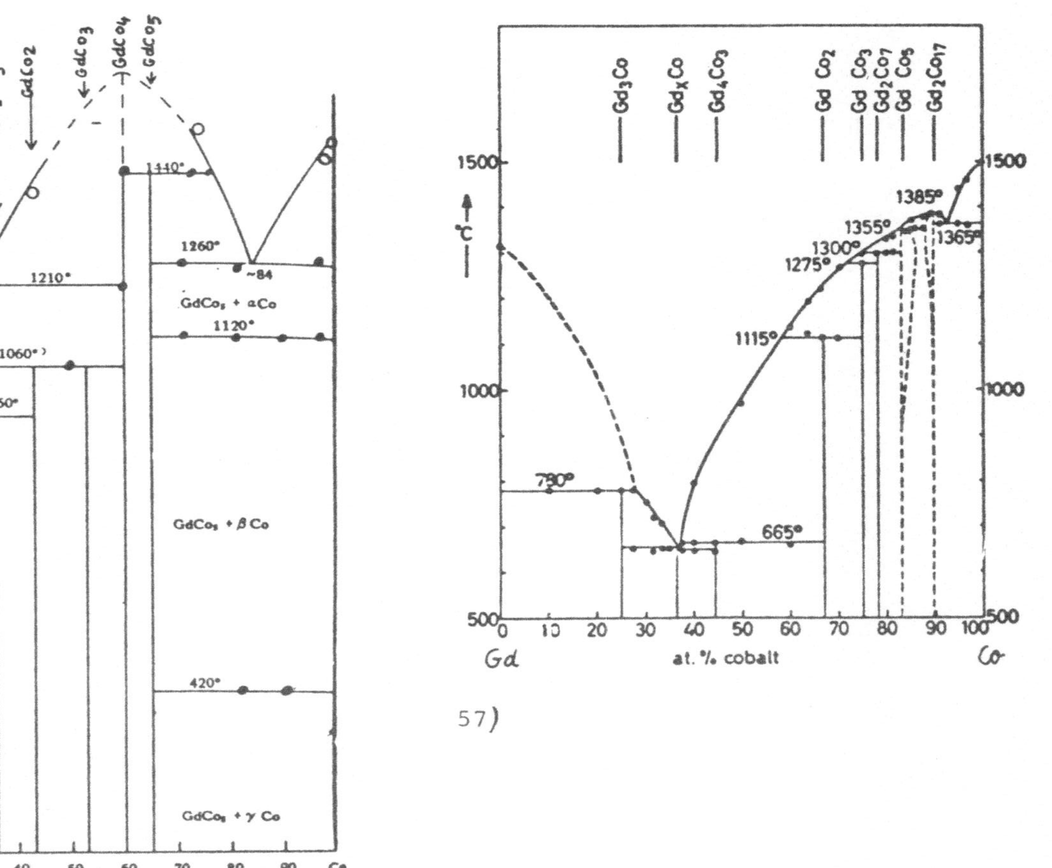

56) Phase diagram, gadolinium-cobalt.

57)

Abb. 12: binäres System Kobalt-Gadolinium [52,53,56,57)]

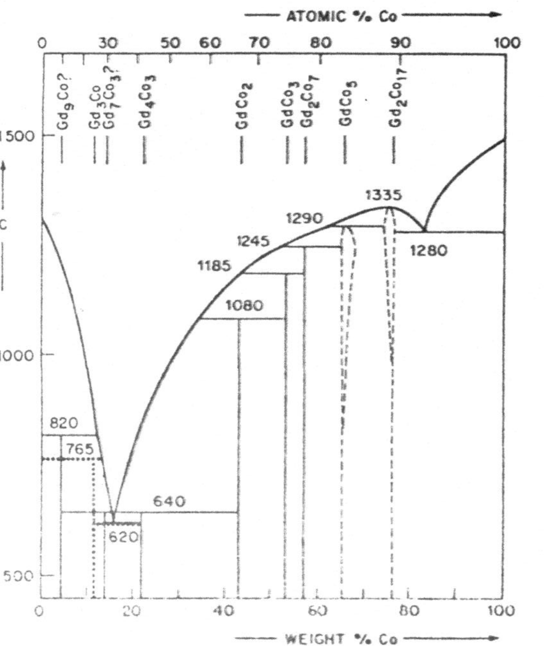

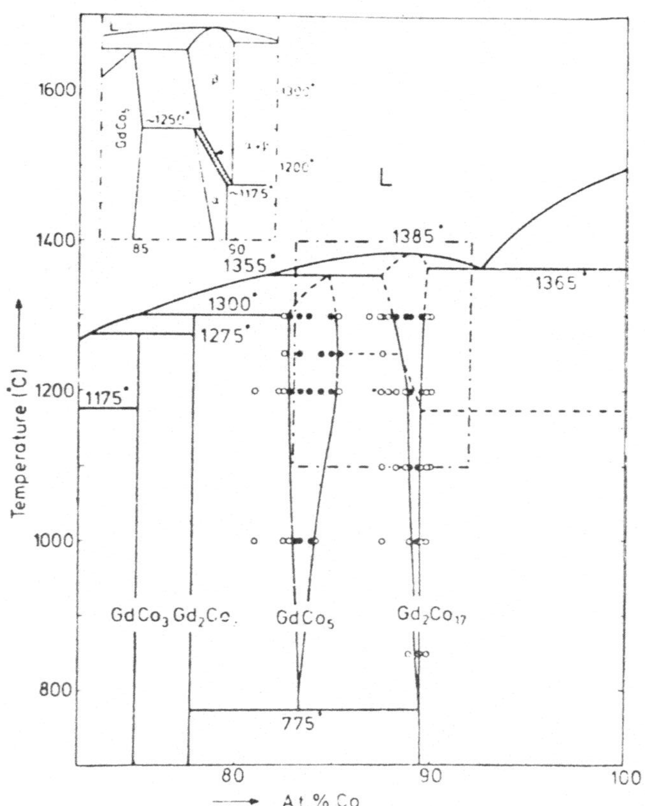

Abb. 13: binäres System Kobalt-Gadolinium [70] und kobaltreiches Randgebiet [63]

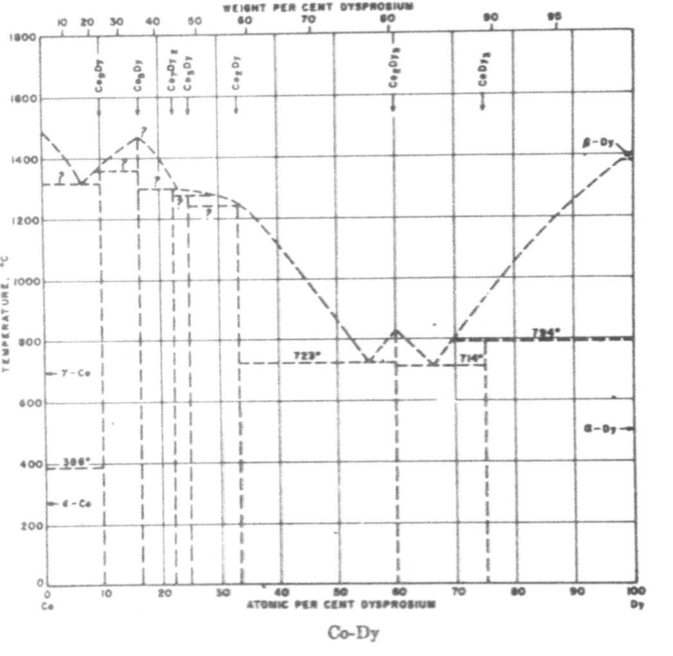

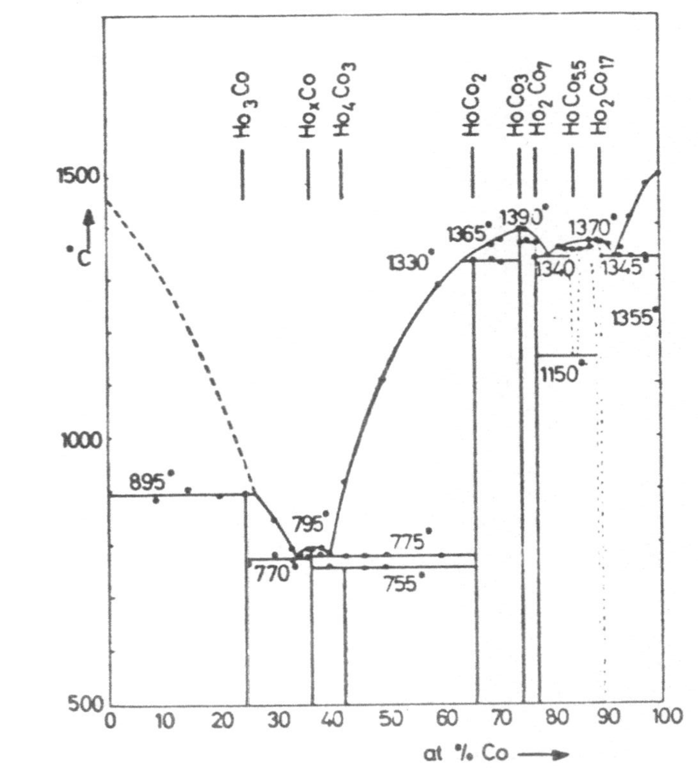

Abb. 14: binäre Systeme Kobalt-Dysprosium [53] und Kobalt-Holmium [58]

WEIGHT PER CENT ERBIUM
TEMPERATURE, °C
ATOMIC PER CENT ERBIUM
Co
Er
Er_2Co_{17}
$ErCo_3$
$ErCo_4$
$ErCo_2$
ErCo
Er_3Co
1320°
81
~940°
800°
~63.3
900°

Co-Er

52,69)

Temperatur in °C
Kobalt in At.-%
Er
Co
Er_3Co
Er_2Co
$ErCo_2$
$ErCo_3$
Er_2Co_7
$ErCo_5$
Er_2Co_{17}
1380°
1355°
1345°
1355°
1345°
1330°
1335°
895°
840°
810°
795°
β-Er_3Co
α-Er_3Co

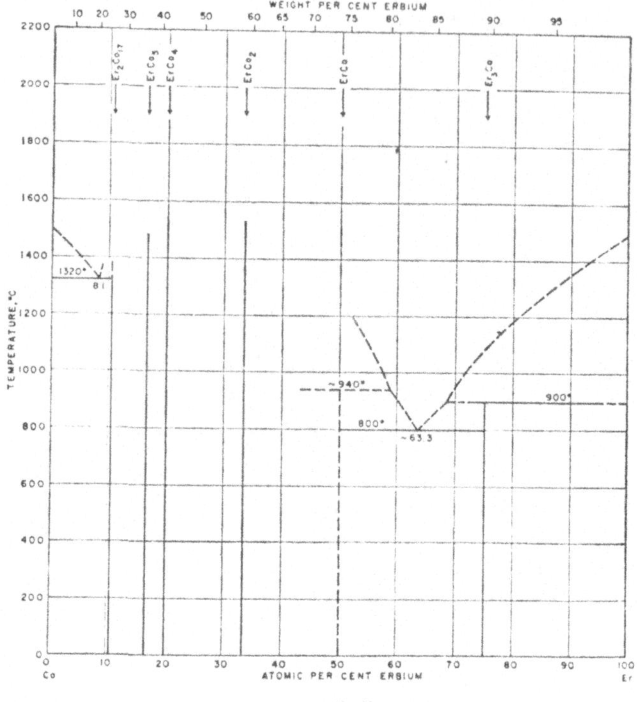

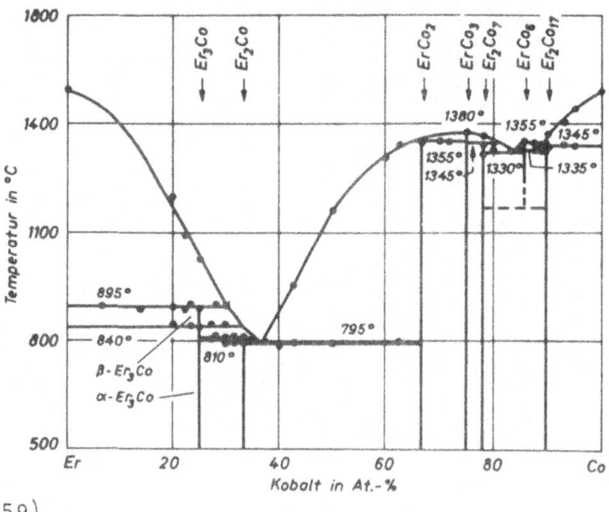

59)

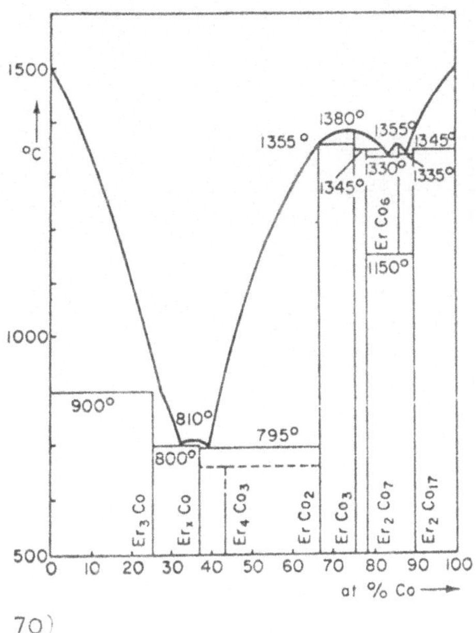

Abb. 15: binäres System Kobalt-Erbium [52,59,69,70]

WEIGHT % Co
ATOMIC % Co
TEMPERATURE (°C)
~92 at.%
1352°
1362
1330°
1325°
1315°
1150°
790°
730°
715°
880°
~37 at.%
Y_3Co
Y_4Co_3
Y_2Co_3
YCo_2
YCo_3
YCo_5
Y_2Co_{17}

70)

WEIGHT PER CENT COBALT
ATOMIC PER CENT COBALT
TEMPERATURE, °C
Y_2Co
YCo(?)
875°
715°
31.1

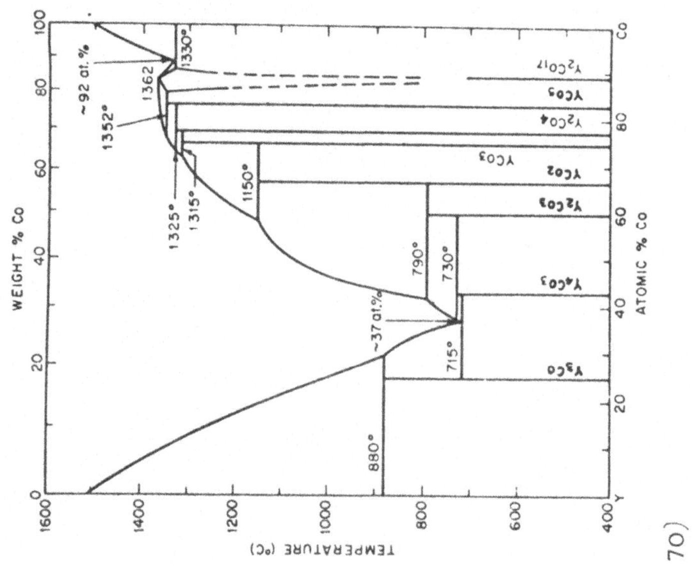

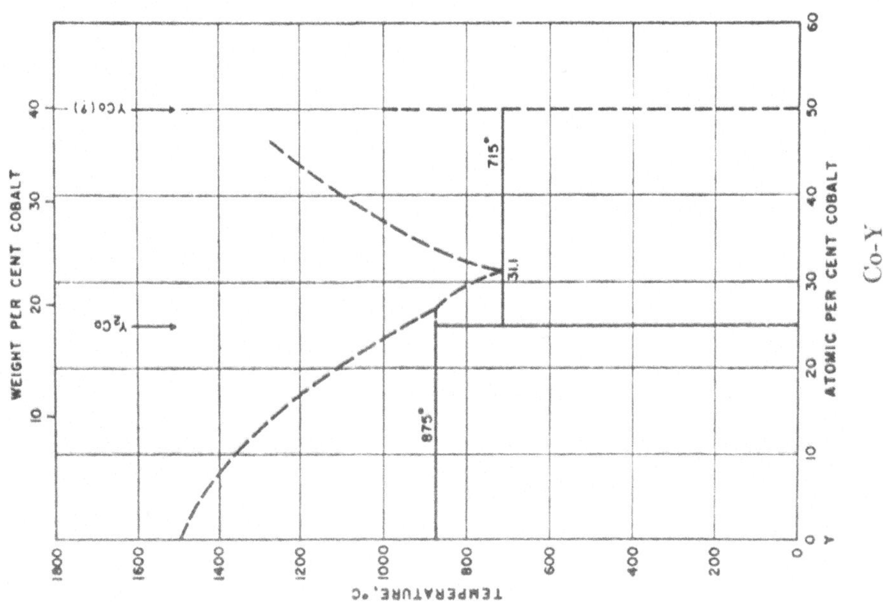

Co-Y

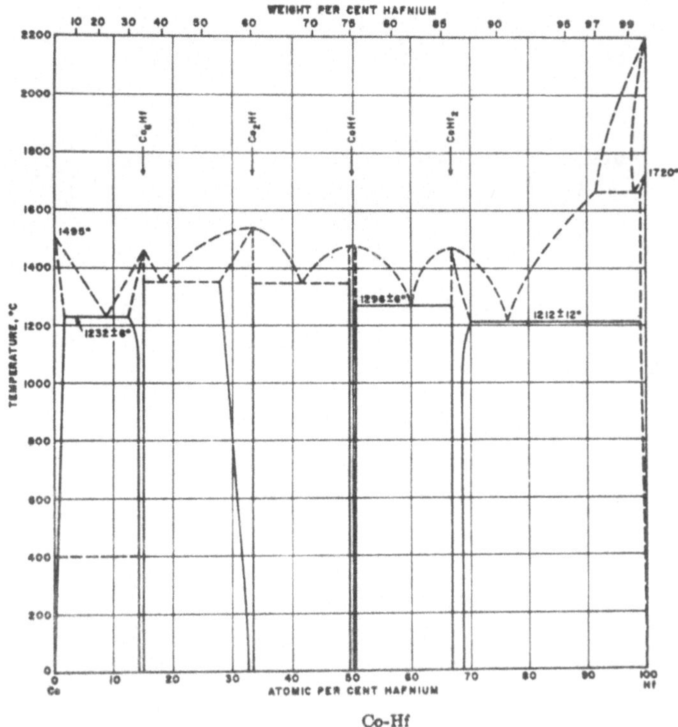

Abb. 16: binäre Systeme Kobalt-Yttrium [52,60,69,70] und Kobalt-Hafnium [52]

WEIGHT PER CENT LANTHANUM
25
50
60
70
80
90
95
1800
1600
1400
1200
1000
800
600
400
TEMPERATURE, °C
δ-Fe
1460°
1400°
L
γ-Fe
900°
<0.2
785°
<0.1
γ-La
920°
868°
>99.9
α-Fe
β-La
0
20
40
60
80
100
Fe
ATOMIC PER CENT LANTHANUM
La

Fe-La

WEIGHT PER CENT LANTHANUM
10
20
30
40
1600
1400
1200
1000
800
600
400
TEMPERATURE, °C
LIQUID
γ + L
1350
γ
γ + LaFe₈
LaFe₅ + L
1100
LaFe₅ + LaFe₂
920
α
α + LaFe₈
0
2
4
6
8
10
12
14
16
18
20
22
Fe
ATOMIC PER CENT LANTHANUM
La

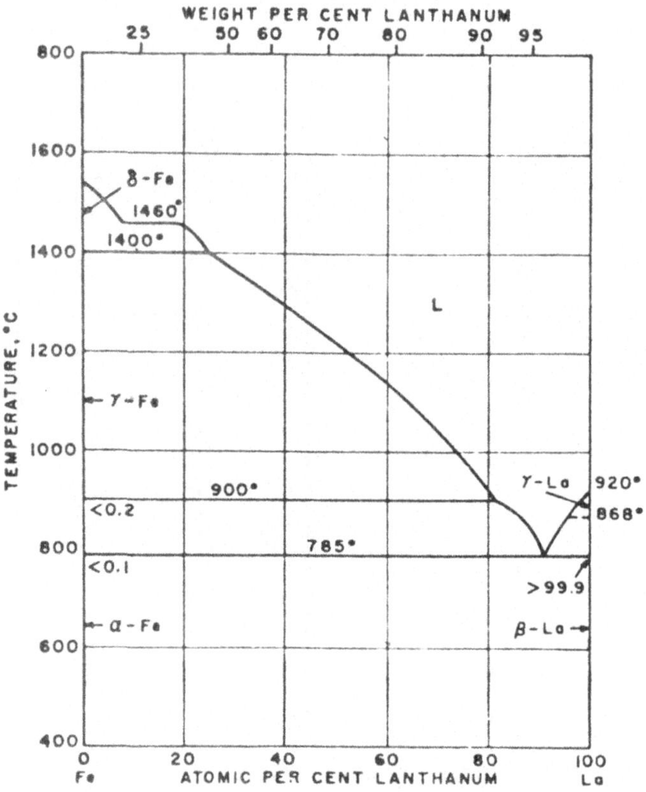

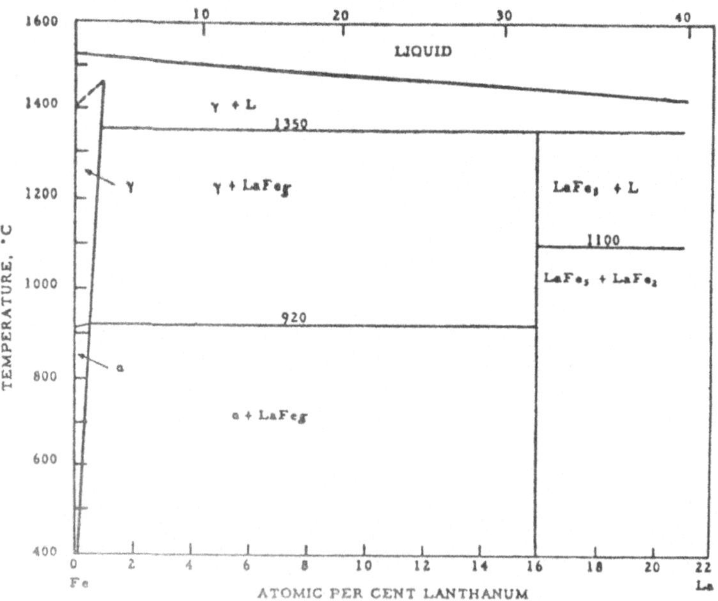

60)

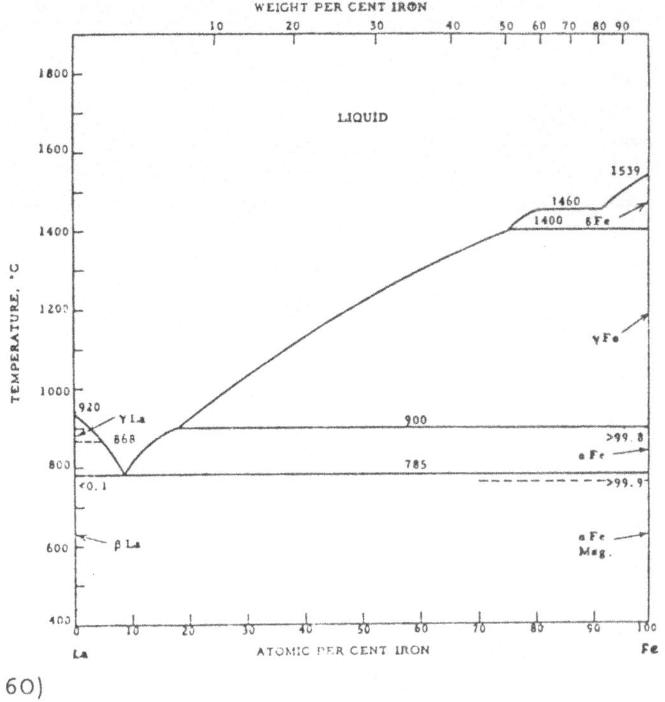

60)

Abb. 17: binäres System Eisen-Lanthan [52,60,70] und eisenreiches Randgebiet [60]

WEIGHT PER CENT IRON
5
10
15
20
30
40
50
60
70
80
90
TEMPERATURE, °C
1600
1500
1400
1300
1200
1100
1000
900
800
700
600
500
CeFe2
CeFe5
1390°
1060°
925°
920°
MAGN. TRANSF.
715°
592°
14
0
Ce
10
20
30
40
50
60
70
80
90
100
Fe
ATOMIC PER CENT IRON

53)

WEIGHT PER CENT CERIUM
10
20
30
40
50
60
70
75
80
85
90
95
1600
1500
1400
1300
1200
1100
1000
900
800
700
600
500
TEMPERATURE, °C
(1528°)
CeFe5
CeFe2
1390°
γ⇌δ
1060°
920°
910°
α⇌γ
768°
MAGN. TRANSF.
773°
80
(775°)
640°
89.5
(95.5)
0
Fe
10
20
30
40
50
60
70
80
90
100
Ce
ATOMIC PER CENT CERIUM

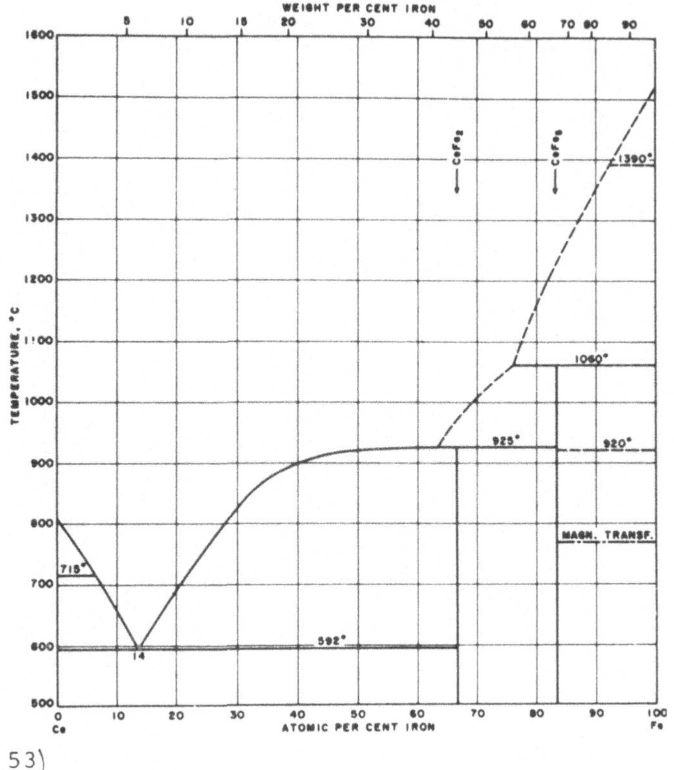

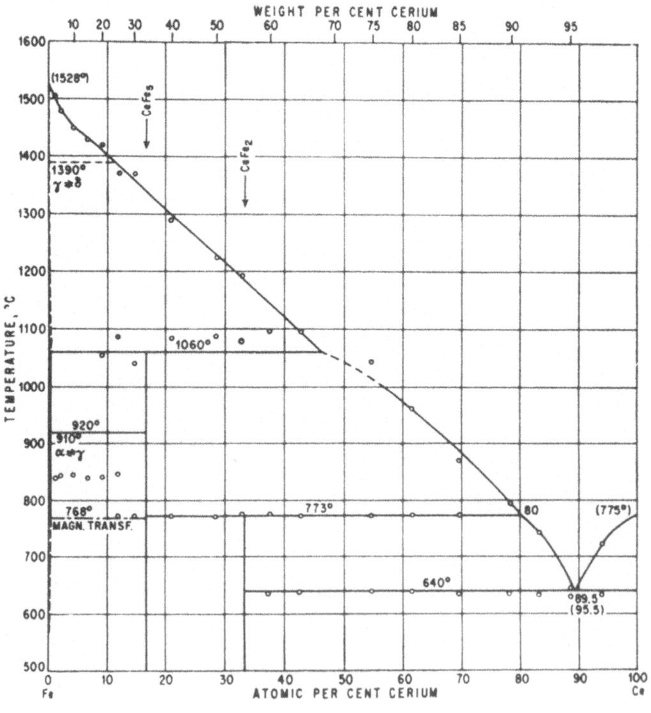

51,60)

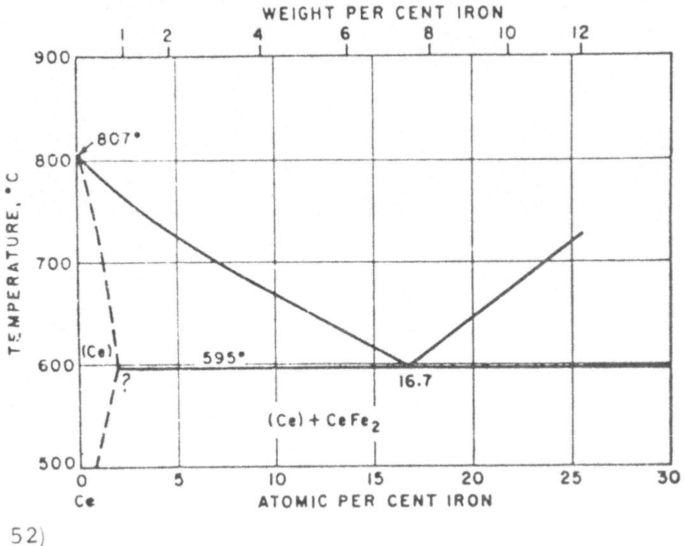

52)

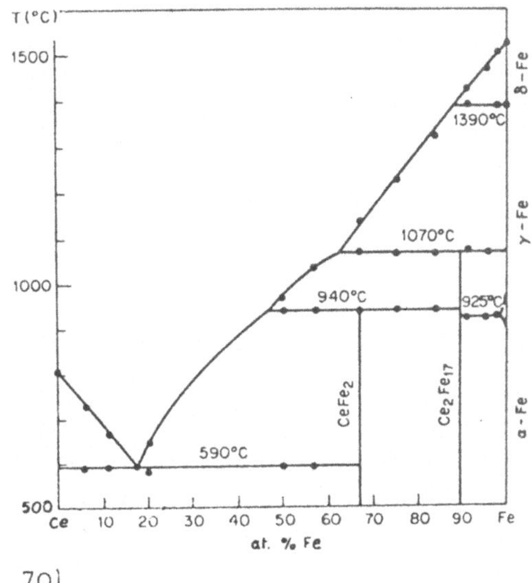

70)

Abb. 18: binäres System Eisen-Cer [51,53,60,70] und cerreiches Randgebiet [52]

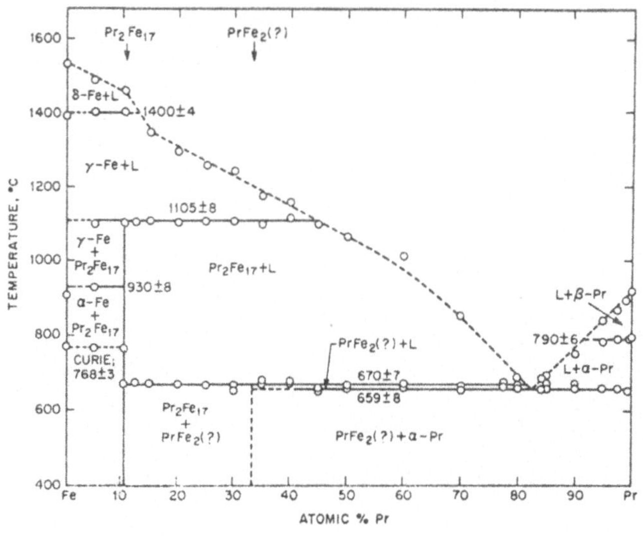

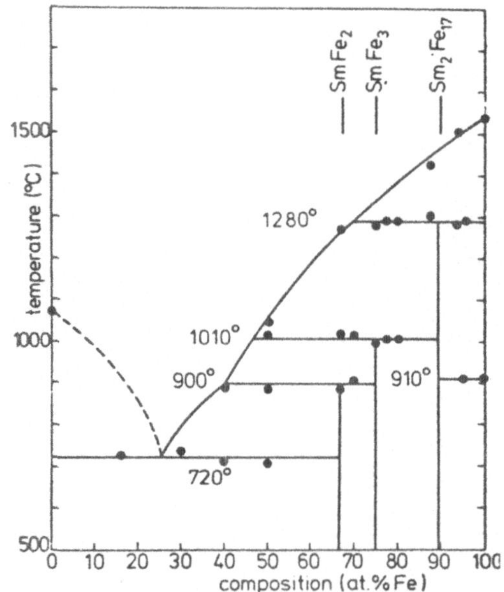

Abb. 19: binäre Systeme Eisen-Praseodym [70] und Eisen-Samarium [70,75]

WEIGHT PER CENT GADOLINIUM
25
50
60
70
80
85
90
95
1700
1600
1500
1400
1300
1200
1100
1000
900
800
700
TEMPERATURE, °C
Fe₁₇Gd₂
Fe₃Gd
Fe₂Gd
(δ-Fe)
1388°
1320°
1150°
1080°
(γ-Fe)
910°
(α-Fe)
L
(β-Gd)
(α-Gd)
845°
66.9
0
10
20
30
40
50
60
70
80
90
100
Fe
Gd
ATOMIC PER CENT GADOLINIUM

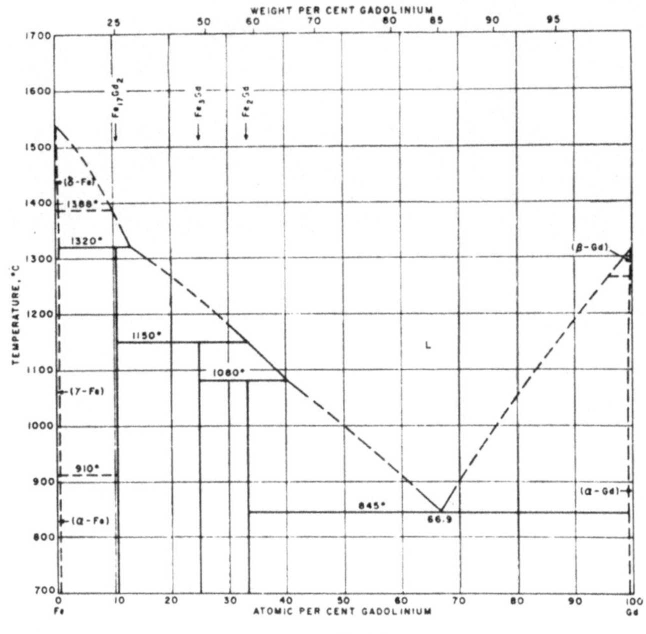

Fe-Gd

52)

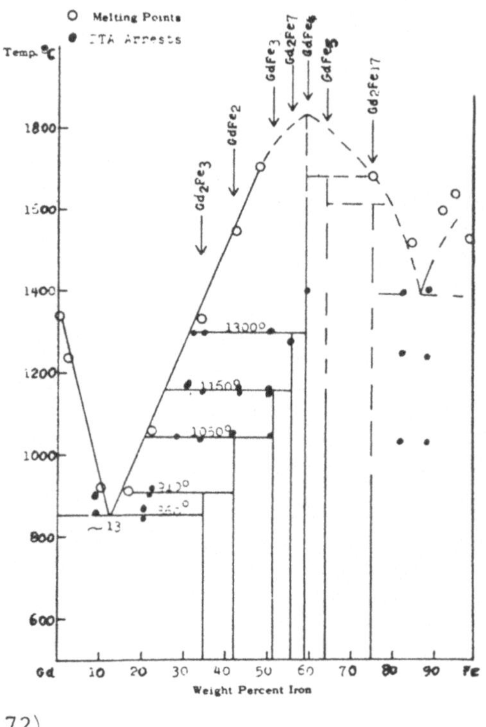

72)

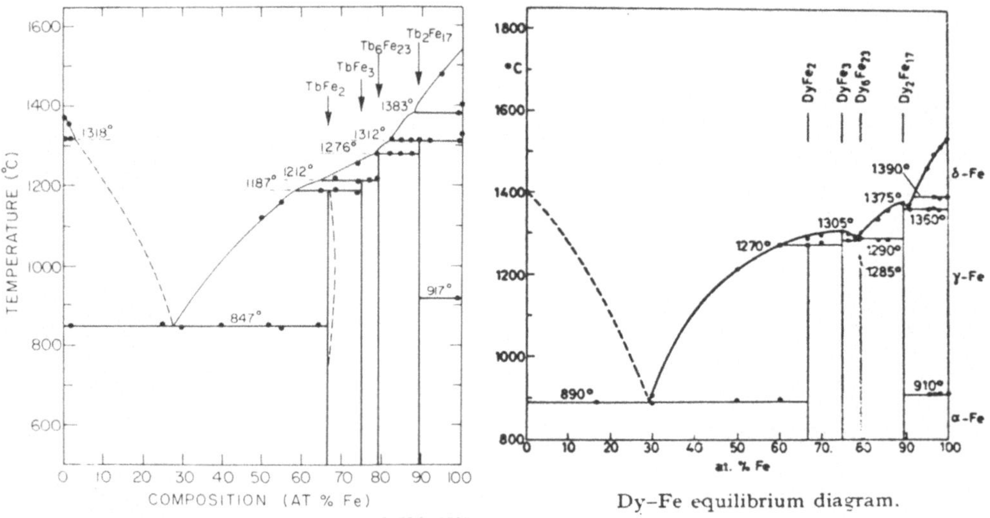

The terbium–iron phase diagram.

Dy–Fe equilibrium diagram.

Abb. 20: binäre Systeme Eisen-Gadolinium 52,72), Eisen-Terbium 76) und Eisen-Dysprosium 74)

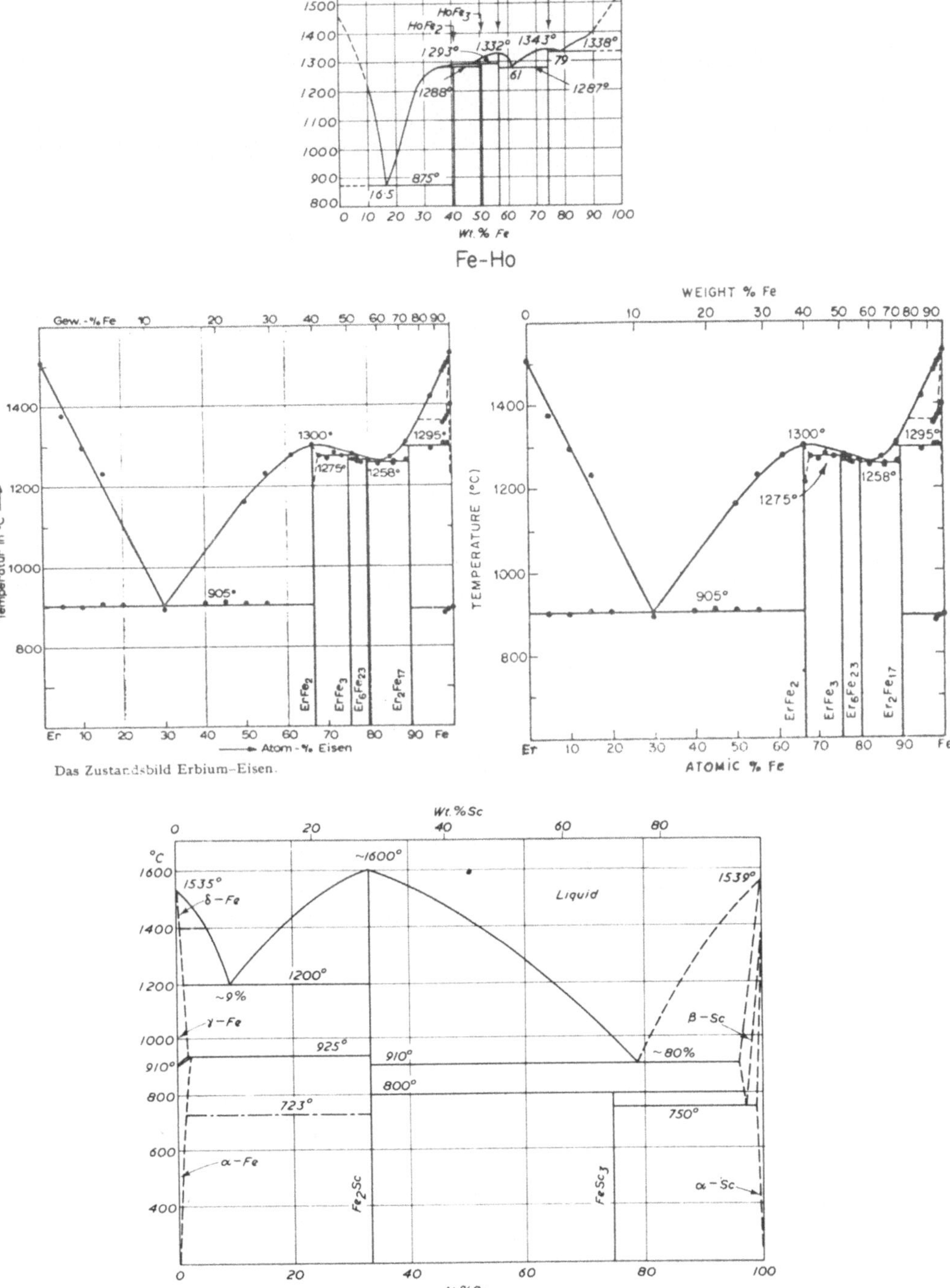

Abb. 21: binäre Systeme Eisen-Holmium [126], Eisen-Erbium [70,73] und Eisen-Scandium [126]

WEIGHT PER CENT IRON
10
20
30
40
50
60
70
80
90
1800
1600
1400
1200
1000
800
600
TEMPERATURE, °C
LIQUID
1552
βY
1490
1540
1350
1400
1400
1300
92
(87.5)
87
(81)
>99
1280
1125
(Fe)
57.5
(46)
900
<1
34.5
(25)
αY
YFe2
YFe3
YFe4
YFe9
0
10
20
30
40
50
60
70
80
90
100
Y
ATOMIC PER CENT IRON
Fe

52)

WEIGHT PER CENT YTTRIUM
10
20
30
40
50
60
70
80
90
1600
1500
1400
1300
1200
1100
1000
900
800
700
600
500
TEMPERATURE, °C
YFe9
YFe4
YFe3
YFe2
α-Y ⇌ β-Y
1400 ± 25°
~1400°
1350
± 25°
γ-Fe ⇌ δ-Fe
8.2
~1300°
12.9
~1280°
23.7
~1250°
1125 ± 25°
42.4
α-Fe ⇌ γ-Fe
900 ± 10°
65.3
0
Fe
10
20
30
40
50
60
70
80
90
100
Y
ATOMIC PER CENT YTTRIUM

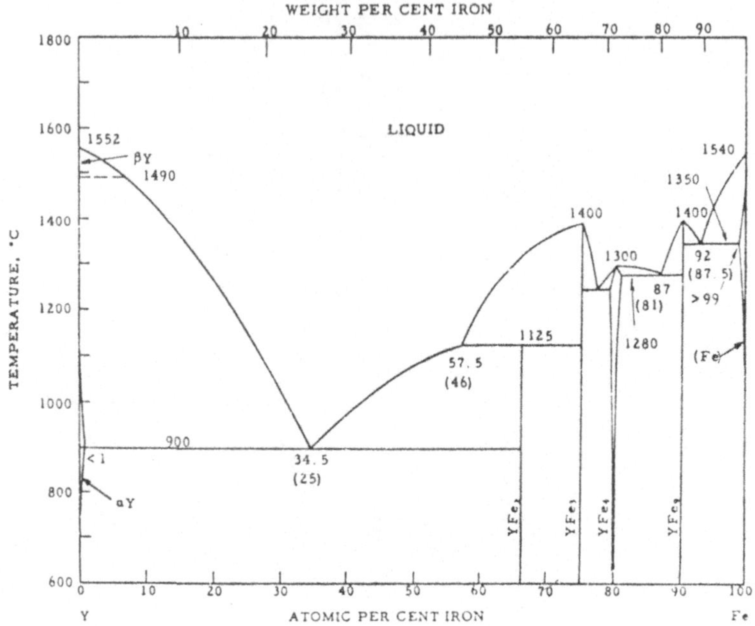

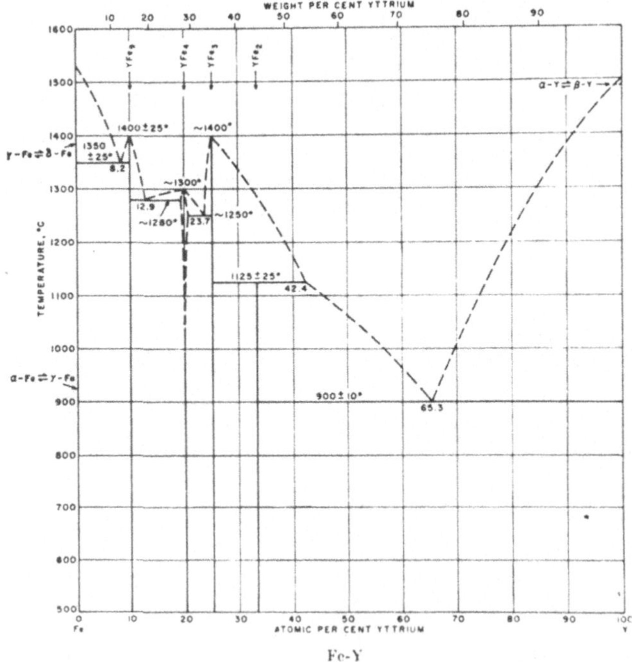

Fe-Y

60)

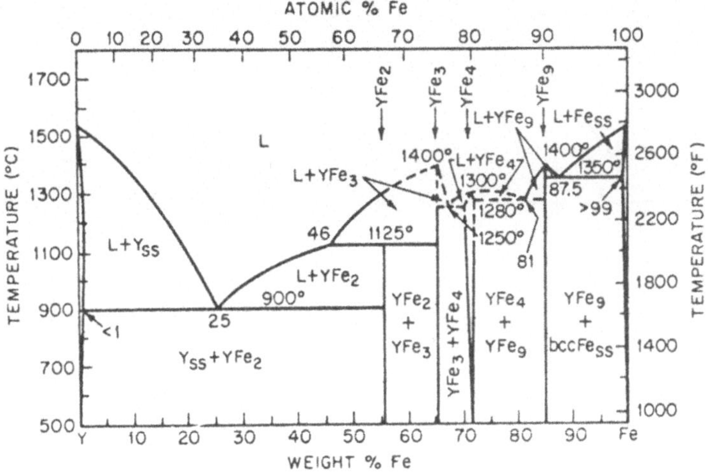

70)

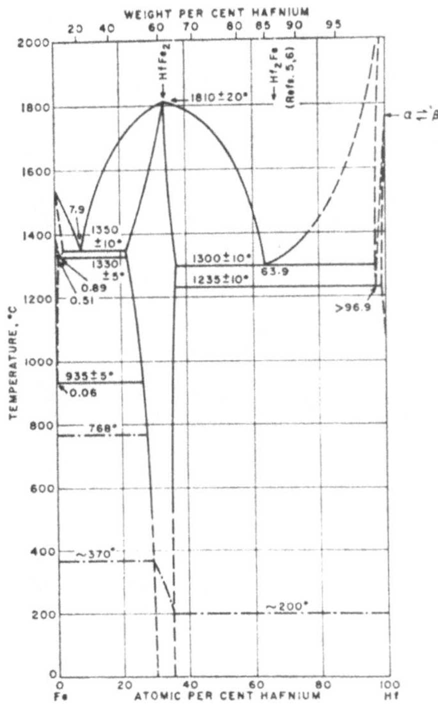

Abb. 22: binäre Systeme Eisen-Yttrium [52,60,70] und Eisen-Hafnium [52,126]

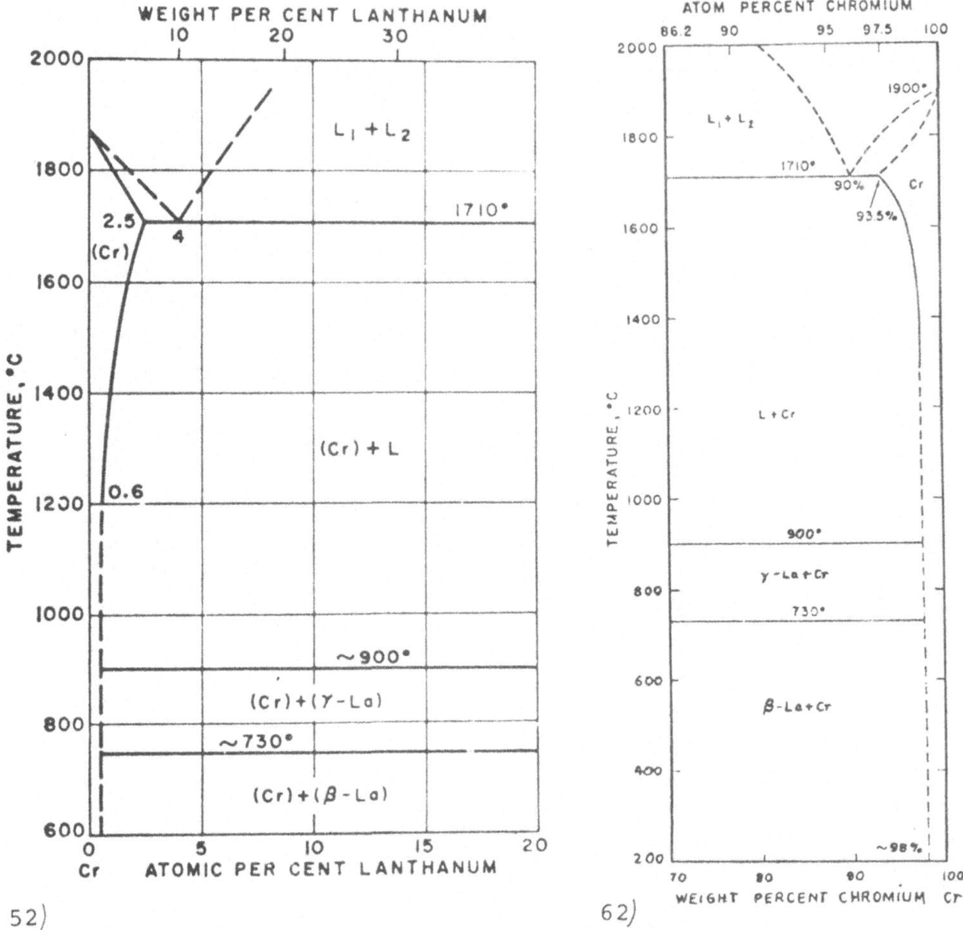

Abb. 23: chromreiches Randgebiet in binären System Chrom-Lanthan [52,62)]

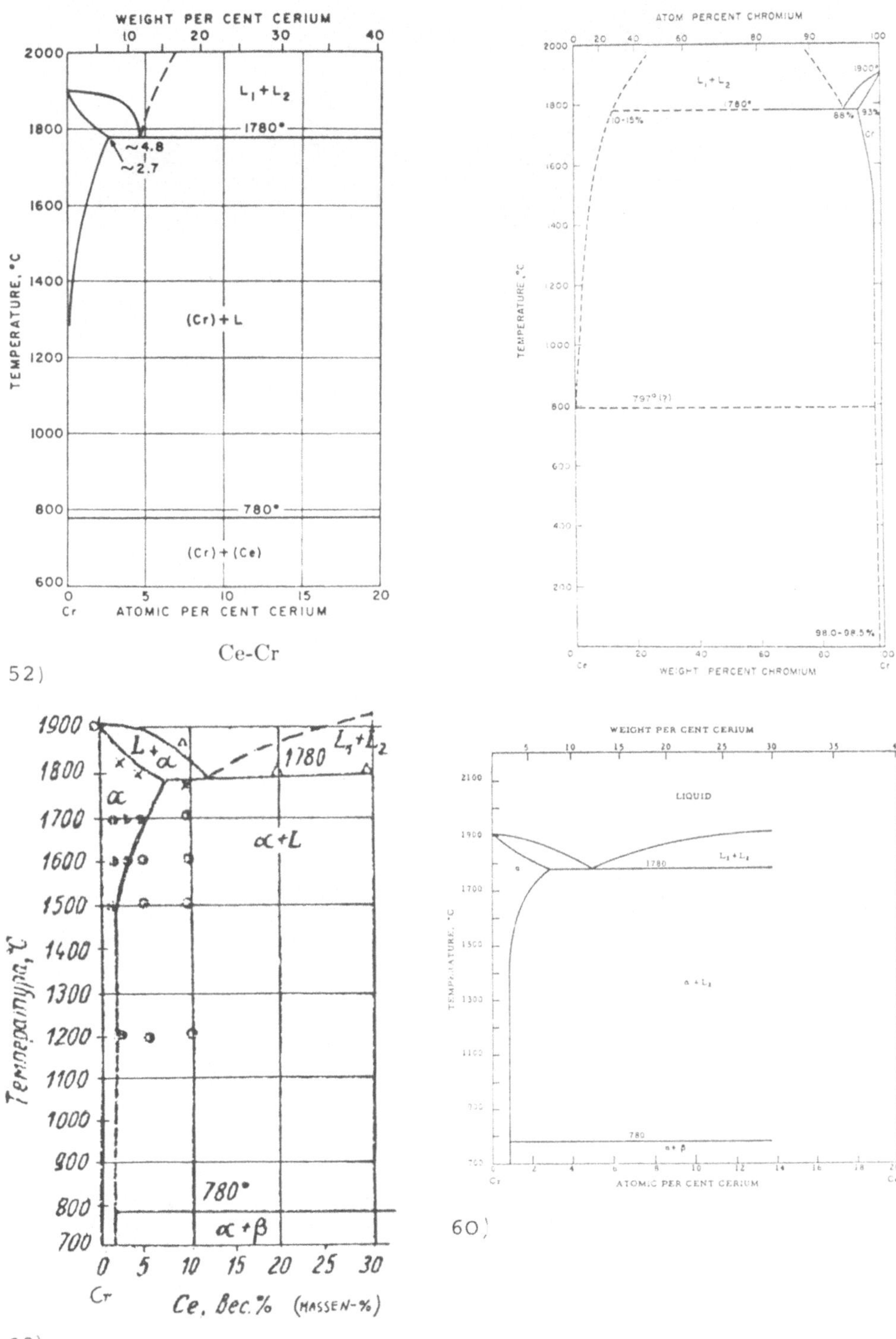

Abb. 24: binäres System Chrom-Cer [62)] und chromreiches Randgebiet [52,60,68)]

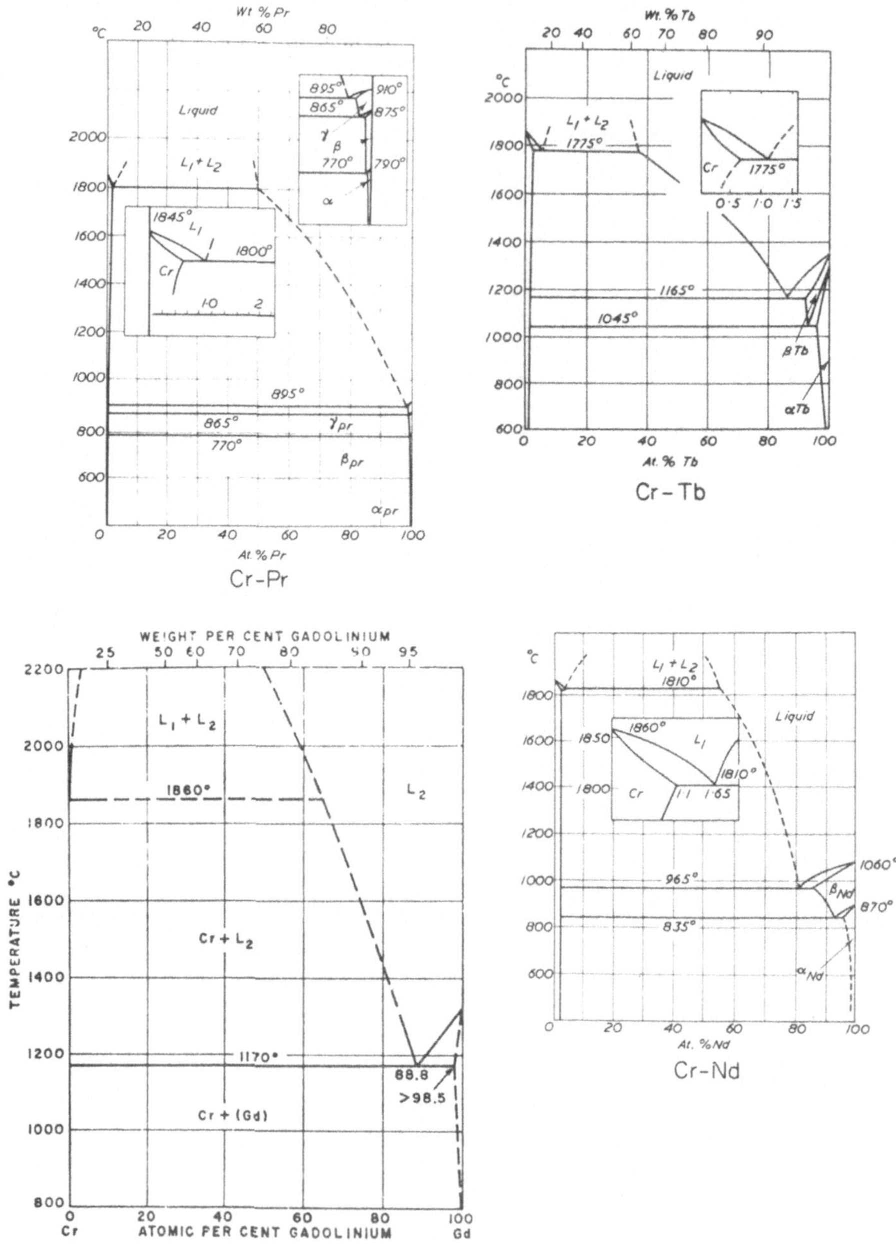

Abb. 25: binäre Systeme Chrom-Praseodym [126], Chrom-Neodym [126], Chrom-Gadolinium [52] und Chrom-Terbium [126]

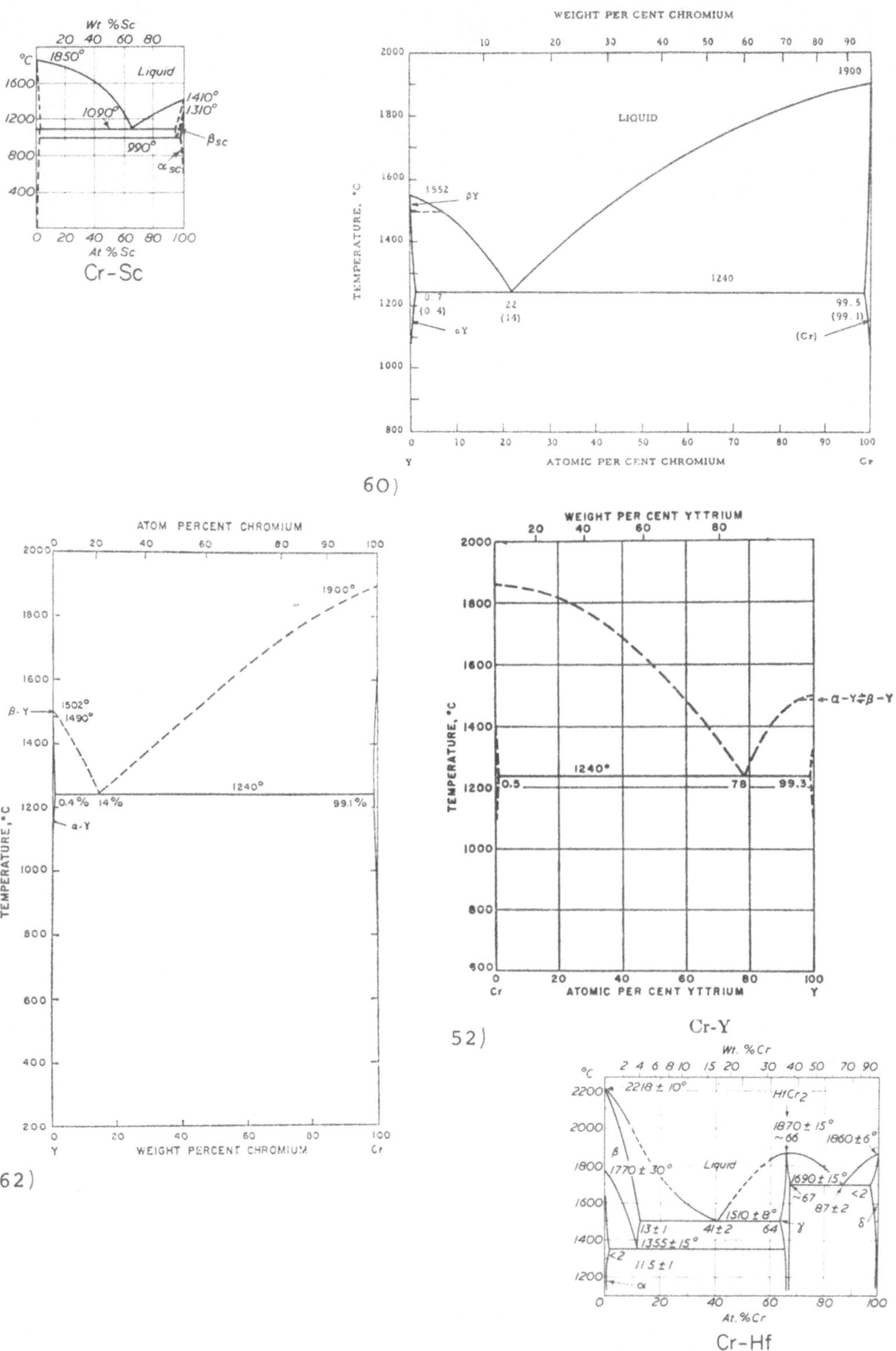

Abb. 26: binäres System Chrom-Scandium [126], Chrom-Yttrium [52, 60,62] und Chrom-Hafnium [126]

WEIGHT PER CENT OXYGEN
13
14
15
16
17
18
19
20
1000
800
600
400
200
0
TEMPERATURE, °C
A-Ce2O3
C-Ce2O3
δ
γ
β
CeO2
685°
~65.4
β1
+
β2
420°
β
+
CeO2
55
60
65
70
ATOMIC PER CENT OXYGEN

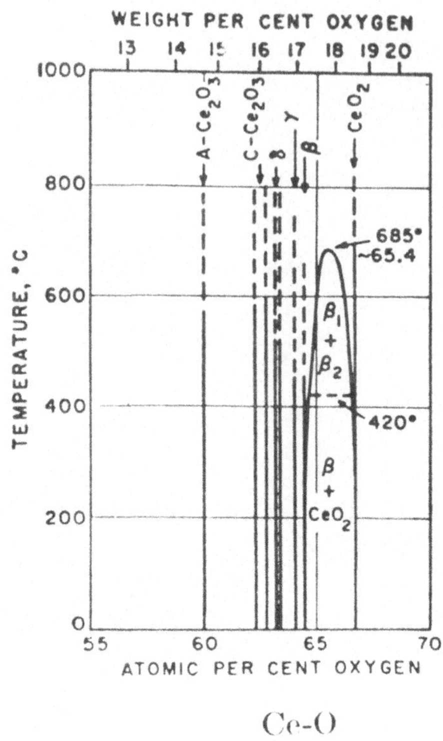

Ce-O

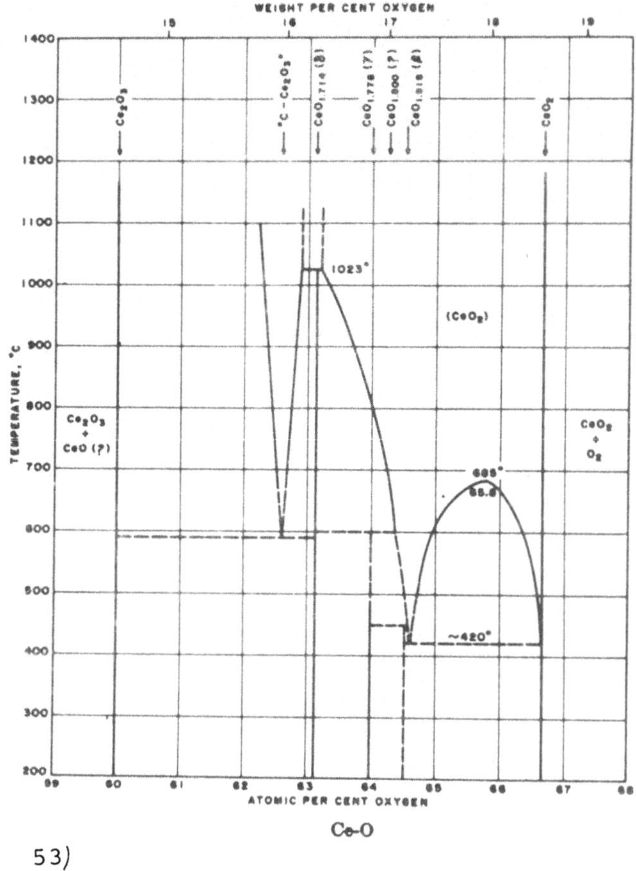

53)

Abb. 27: binäres Teilsystem Cer-Sauerstoff [52,53]

WEIGHT PER CENT OXYGEN
16
17
18
19
1200
1100
1000
900
800
700
600
500
400
300
PrO1.714
PrO1.778
PrO1.800
PrO1.818
PrO1.833
PrO2
σ
(PrO2)
?
TEMPERATURE, °C
62
63
64
65
66
67
68
ATOMIC PER CENT OXYGEN

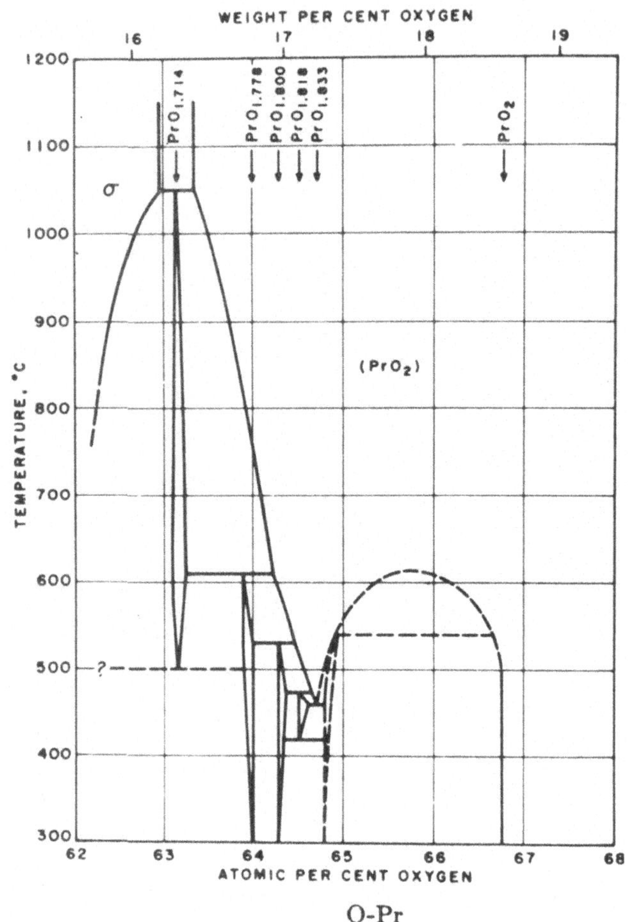

O-Pr

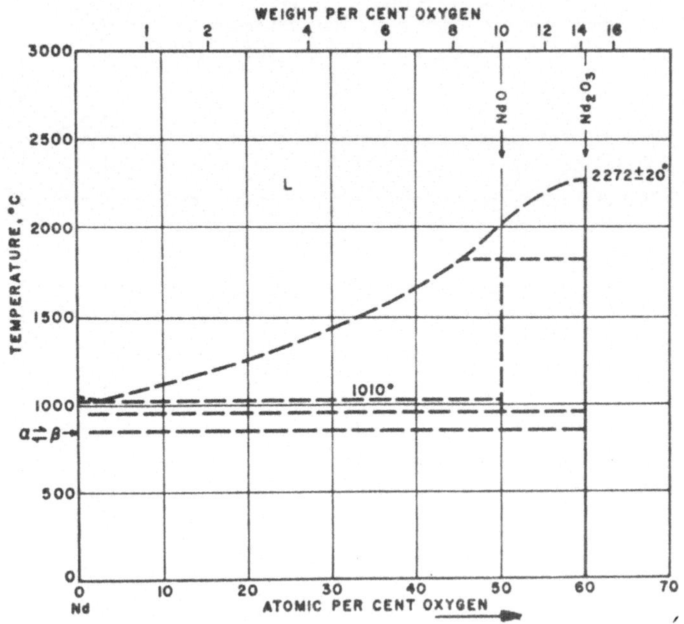

Abb. 28: binäre Teilsysteme Praseodym-Sauerstoff [53], und Neodym-Sauerstoff [52]

WEIGHT PER CENT OXYGEN
1 2 3 4 5 10 15 20 25
3000
2500
2000
1500
1000
500
0
TEMPERATURE, °C
L
Y_2O_3
2415°
1502°
1490°
45.4
(β-Y)
(α-Y)
10.2
0 10 20 30 40 50 60 70
Y
ATOMIC PER CENT OXYGEN

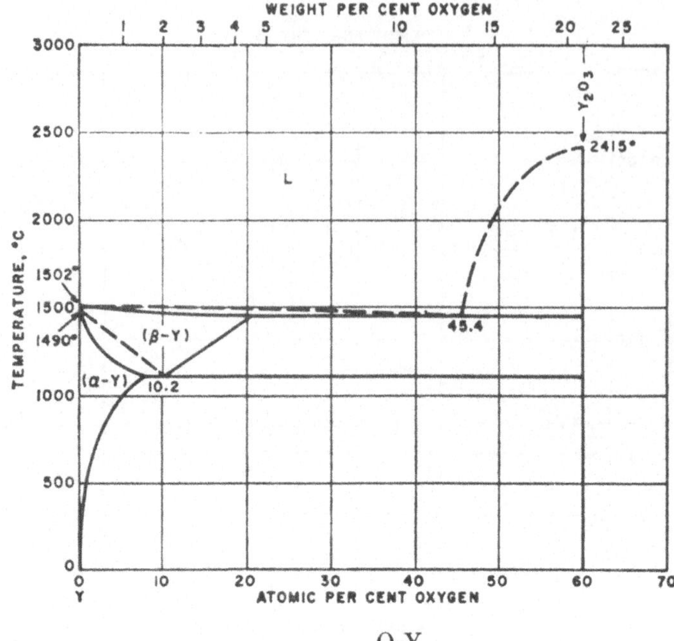

O-Y

52)

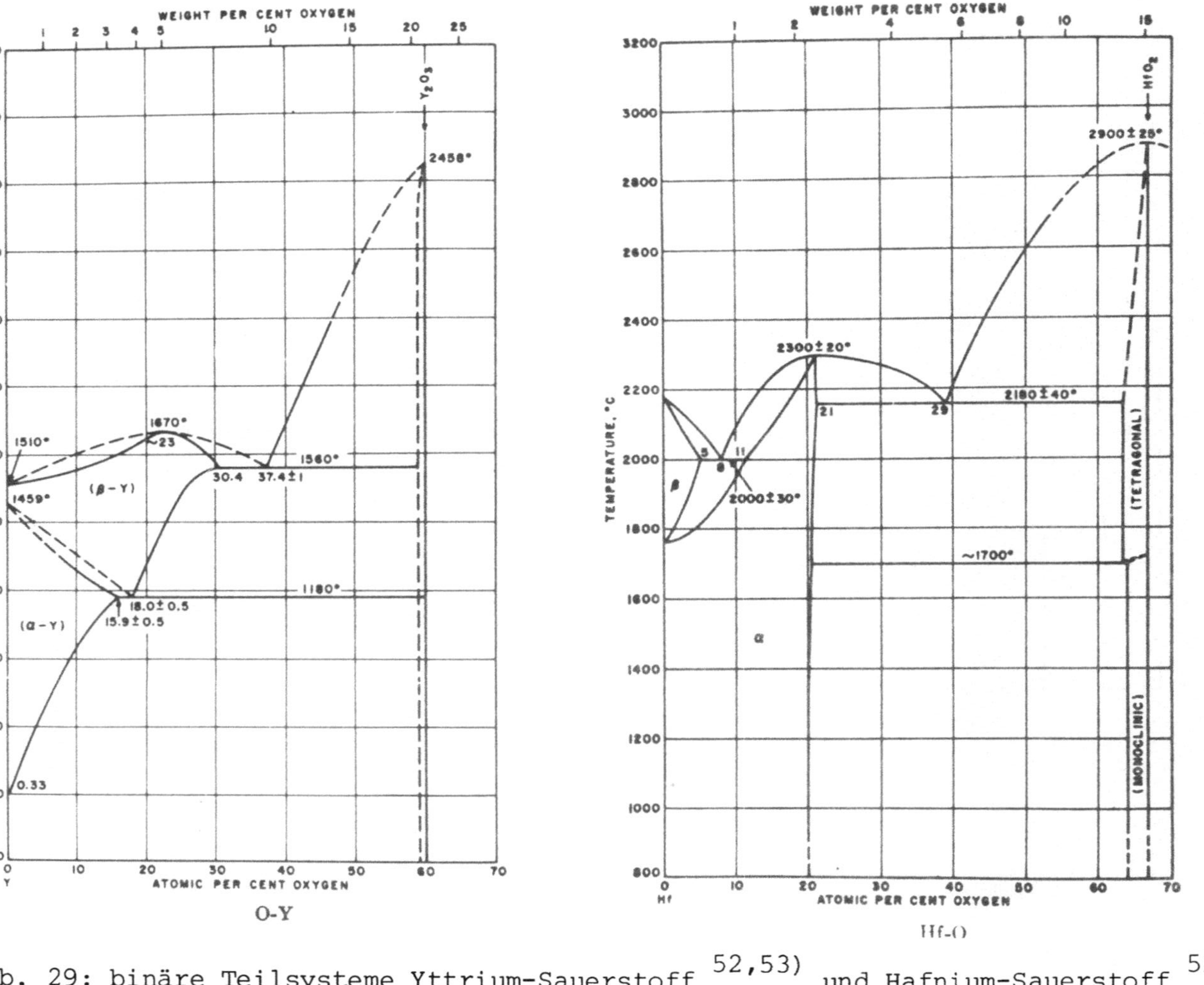

Abb. 29: binäre Teilsysteme Yttrium-Sauerstoff [52,53] und Hafnium-Sauerstoff [52]

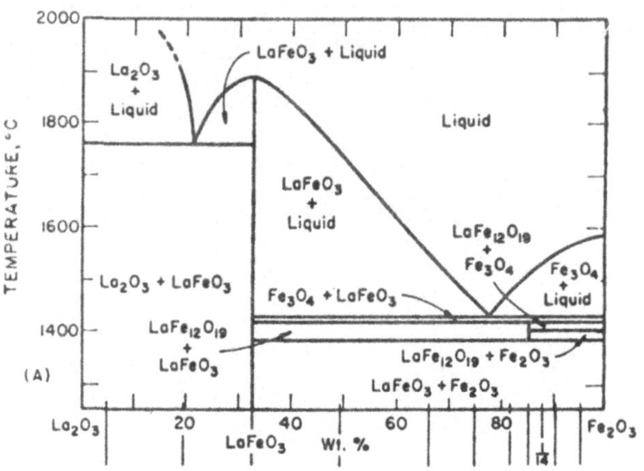

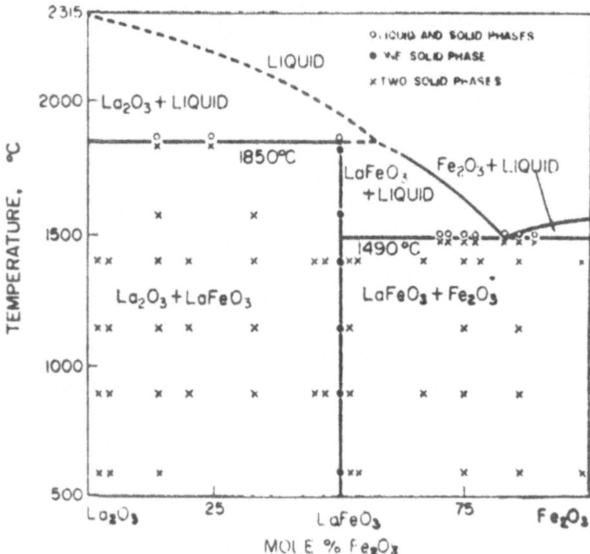

Abb. 30: binäres System La_2O_3 - Fe_2O_3 [79)]

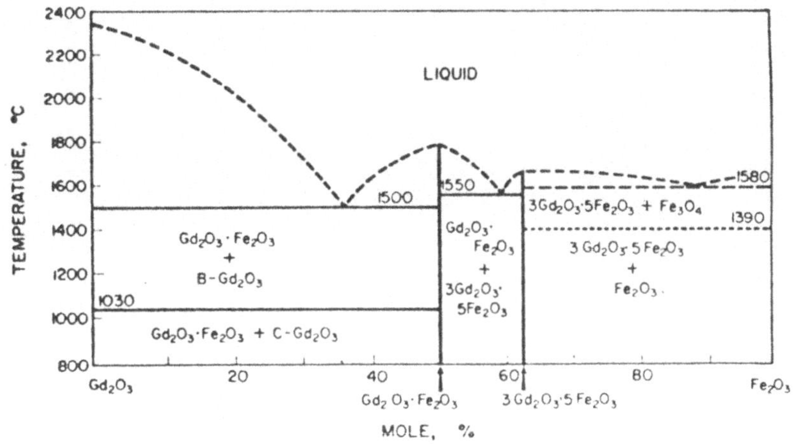

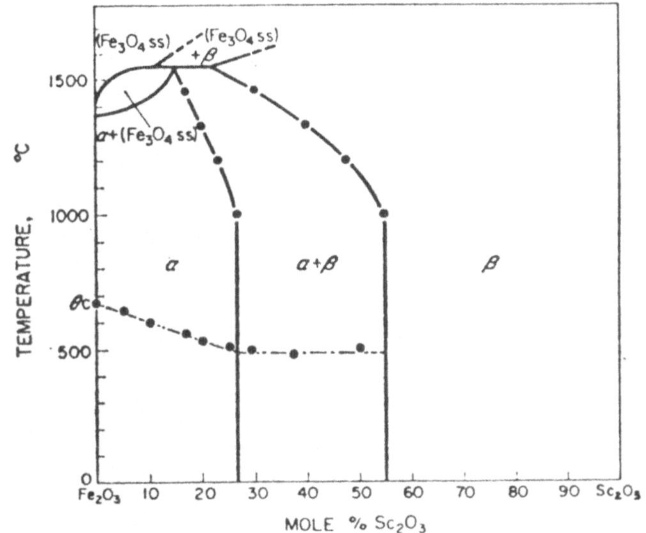

Abb. 31: binäre Systeme Gd_2O_3 - Fe_2O_3 [79)] und Sc_2O_3 - Fe_2O_3 [79)]

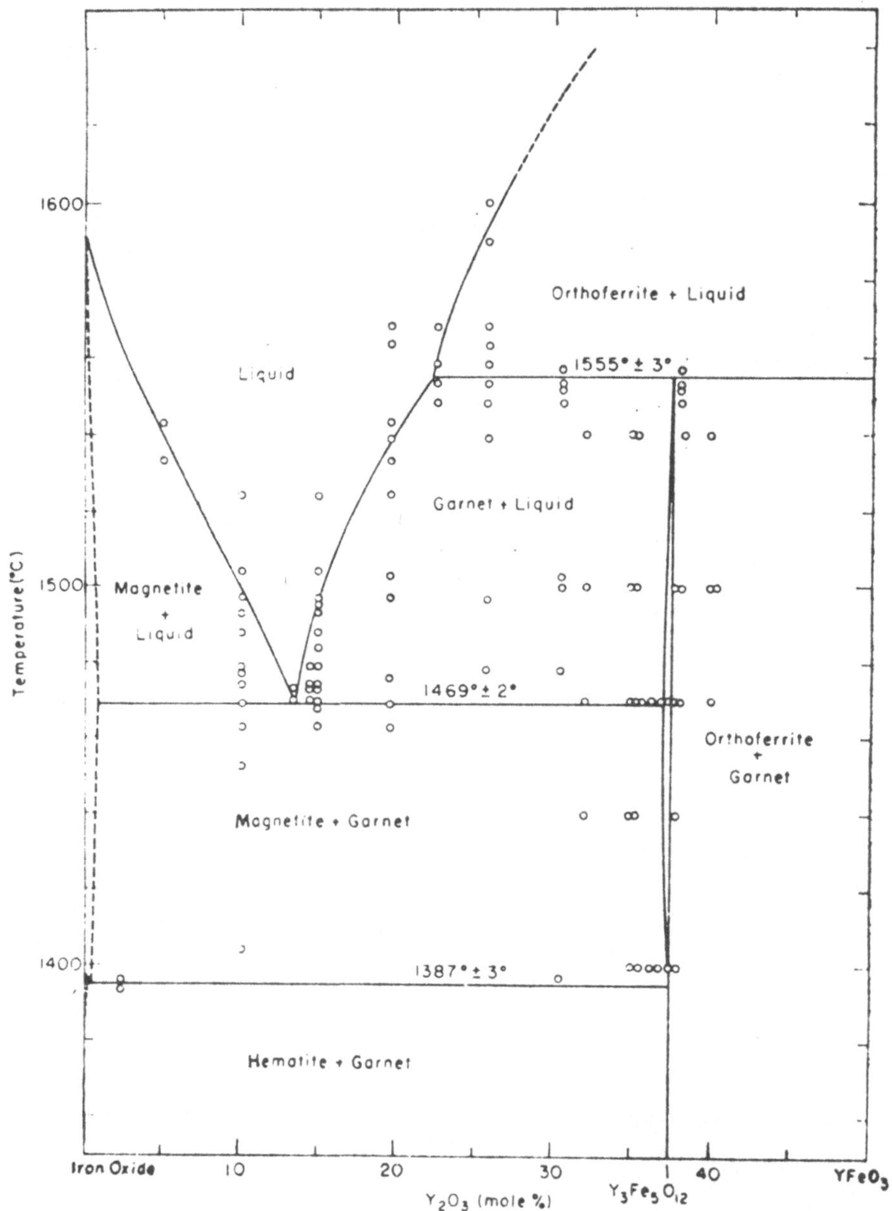

Abb. 32: binäres System Eisenoxid-$YFeO_3$ bzw. eisenoxidreiches Randgebiet im System Eisenoxid-Y_2O_3 [79)]

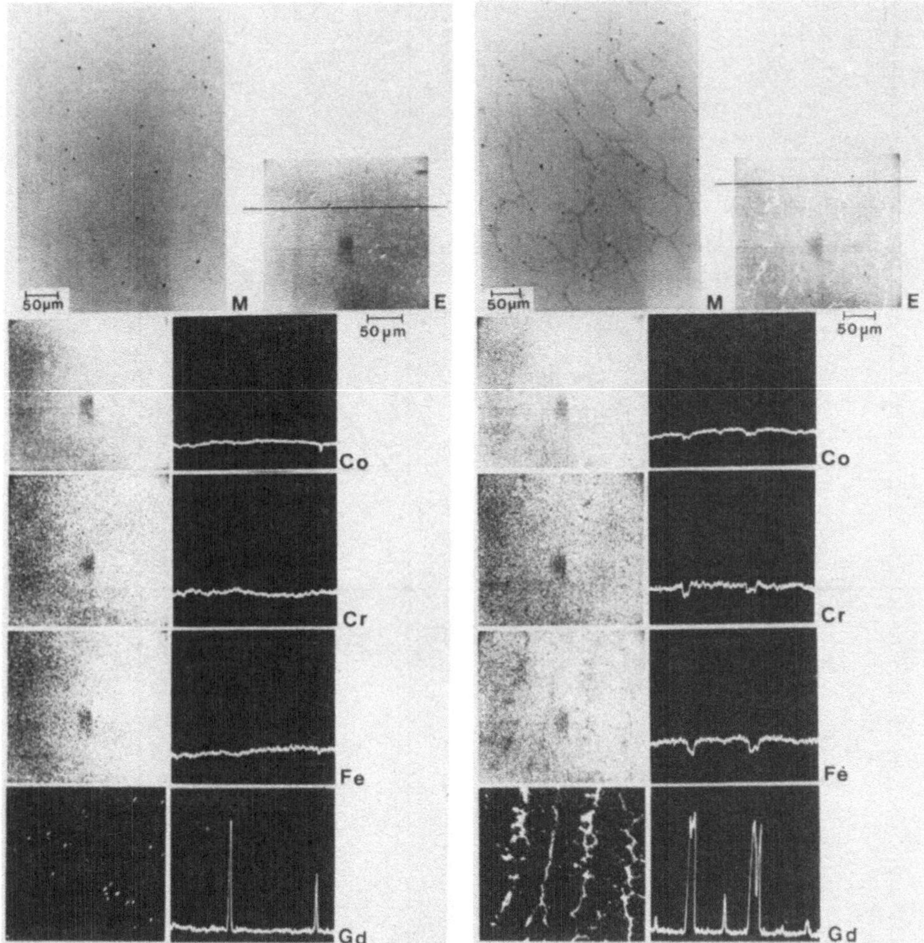

Abb. 33: Ausscheidungsverhalten von Gadolinium in UMCo 50; links: 0,07 Massen-% Gd; rechts: 0,6 % Gd Elektronenstrahlmikroanalysatoraufnahmen
E = Elektronenrückstrahlaufnahme;
Die jeweiligen Metallsymbole kennzeichnen das Rasterbild (links) bzw. die Slow-Scan-Aufnahme (rechts). Das Rasterbild gibt als Aufhellung die Elementkonzentration, die Slow-Scan-Aufnahme das Konzentrationsprofil entlang der im E-Bild eingetragenen Linie wieder

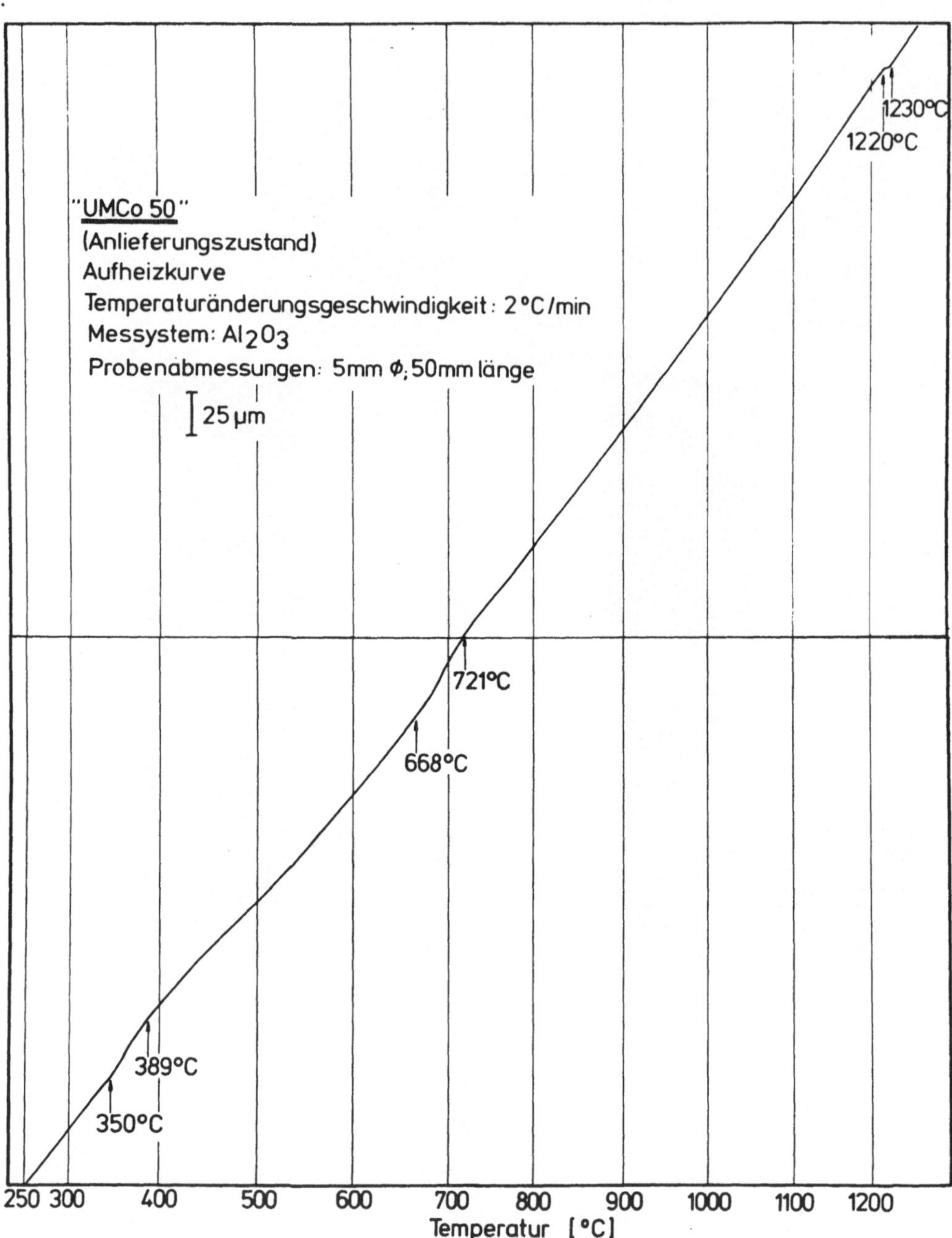

Abb. 34: Wärmeausdehnungskurve der Basislegierung "UMCo 50" (52,3 % Co; 26,4 Cr; 21,3 Fe) (Anlieferungszustand)

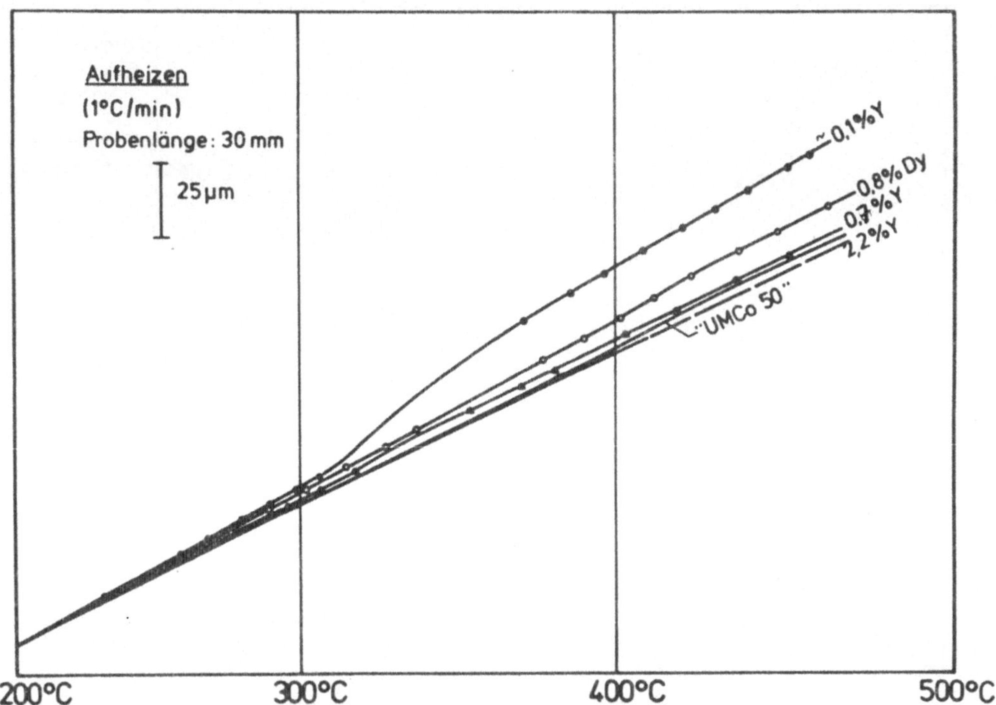

Abb. 35: Ausdehnungsverhalten von "UMCo 50" und UMCo 50-S.E.-Legierungen im Temperaturbereich von 200 bis 500°C (Phasenumwandlung: ε+σ → γ+ε+σ)

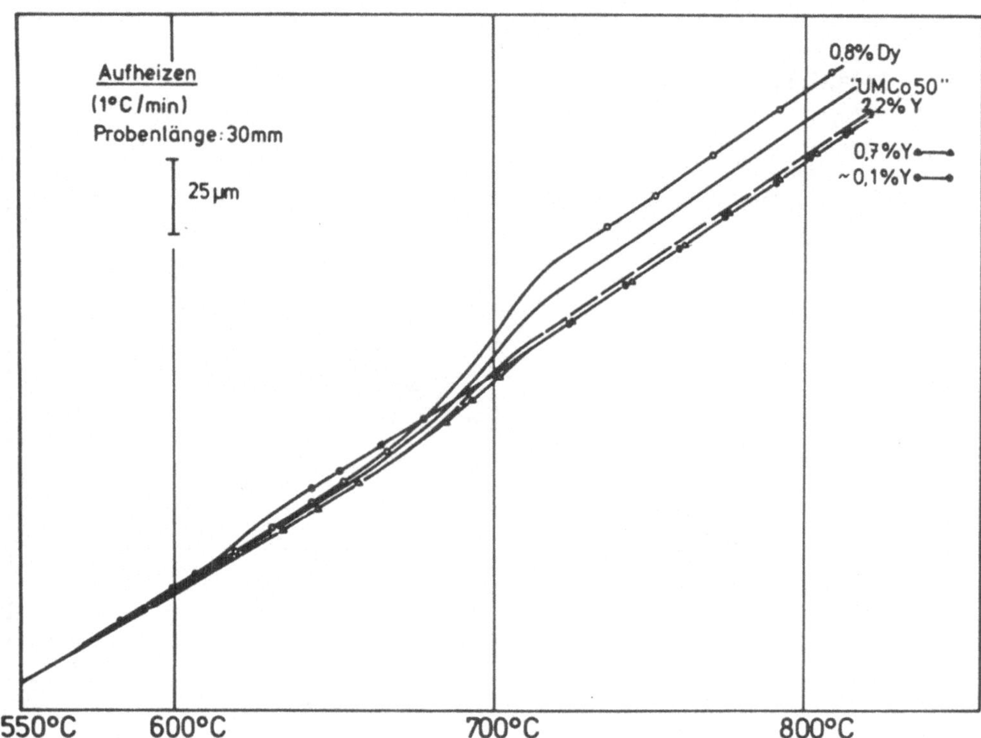

Abb. 36: Ausdehnungsverhalten von "UMCo 50" und UMCo 50-S.E.-Legierungen im Temperaturbereich von 550 bis 800°C (Phasenumwandlung: $\gamma+\varepsilon+\sigma \rightarrow \gamma+\sigma$)

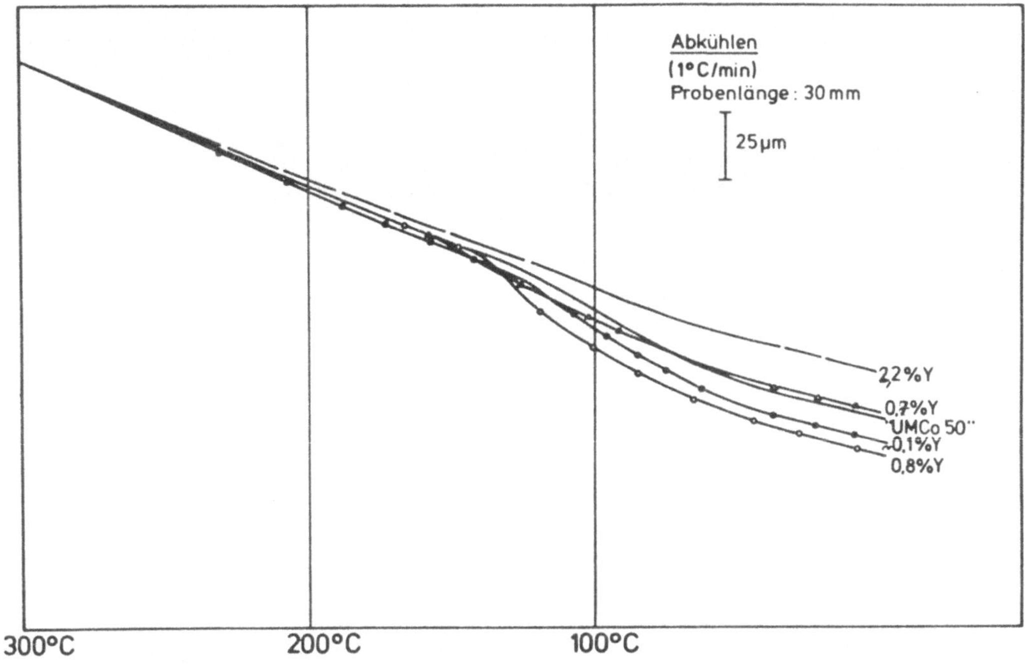

Abb. 37: Konstruktionsverhalten von "UMCo 50" und UMCo 50-S.E.-Legierungen im Temperaturbereich von 300 bis < 100°C

Abb. 38: Netzsch-Hochtemperatur-Thermowaage mit Gasspülung und Proben-Versuchs-Halterung bei aufgezogenem Ofen

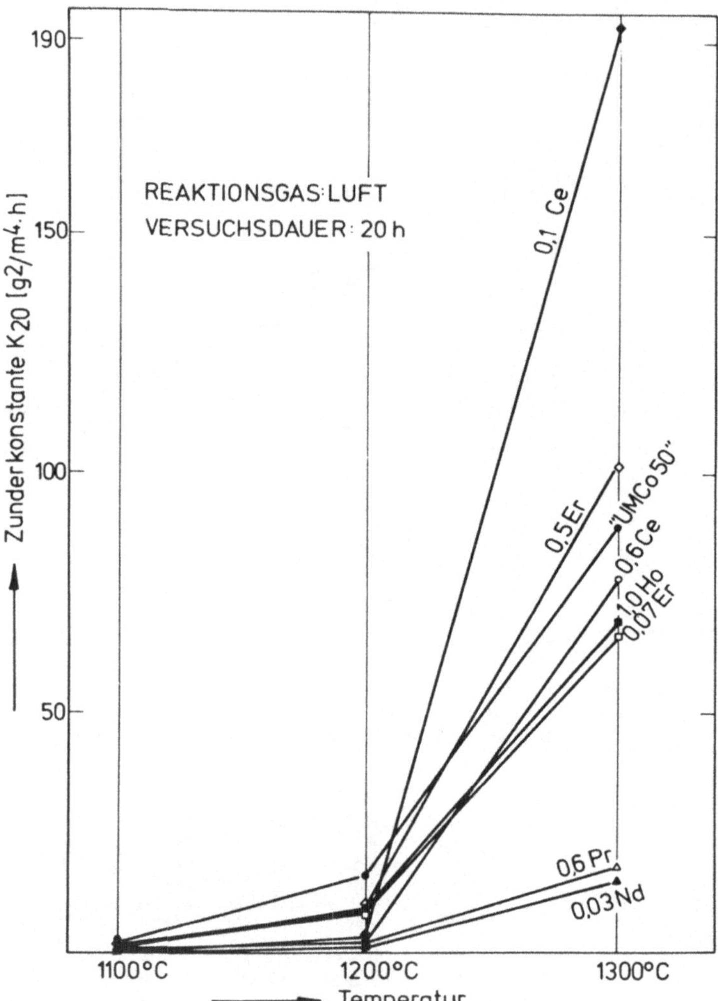

Abb. 39: Wagnersche Zunderkonstanten, K_{20}, von UMCo 50 und UMCo 50-S.E.-Legierungen für die Oxidation in Luft bei 1100, 1200 und 1300°C

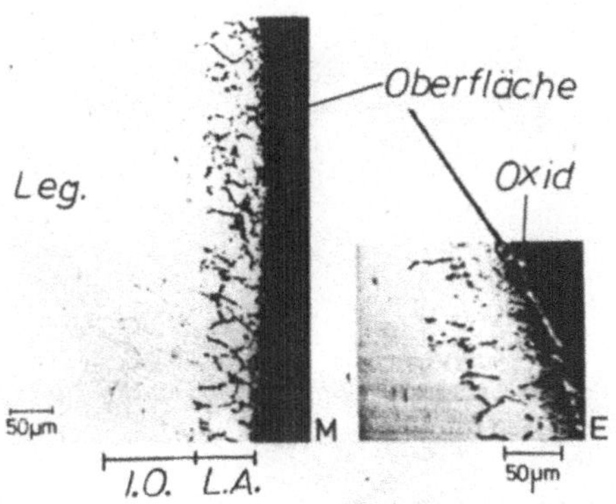

Abb. 40: Auflichtmikroskop- und Elektronenrückstrahlaufnahmen einer 20 h bei ca 1200°C in reinem Sauerstoff oxidierten UMCo50-0,5 % Er-Probe im Anschliff
L.A. ≙ Zone starker Leerstellenagglomeration·
I.O. ≙ Zone innerer interkristalliner Oxidation

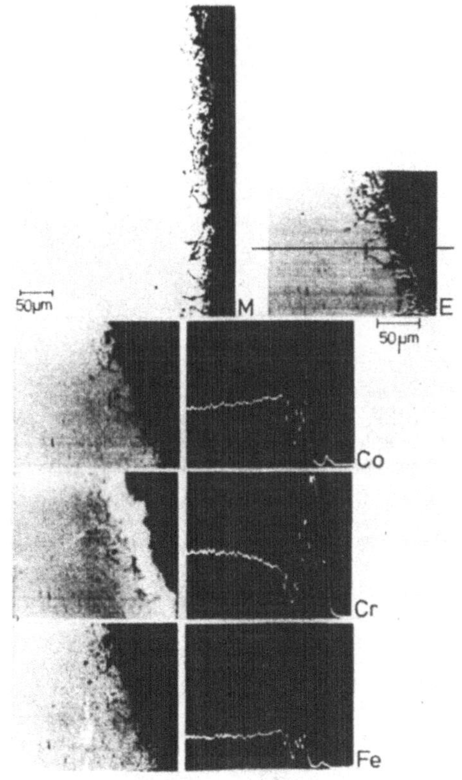

Abb. 41: Auflichtmikroskop- und Elektronenstrahlmikroanalysatoraufnahme einer 20 h bei 1200°C in reinem Sauerstoff oxidierten UMCo 50-Probe im Anschliff

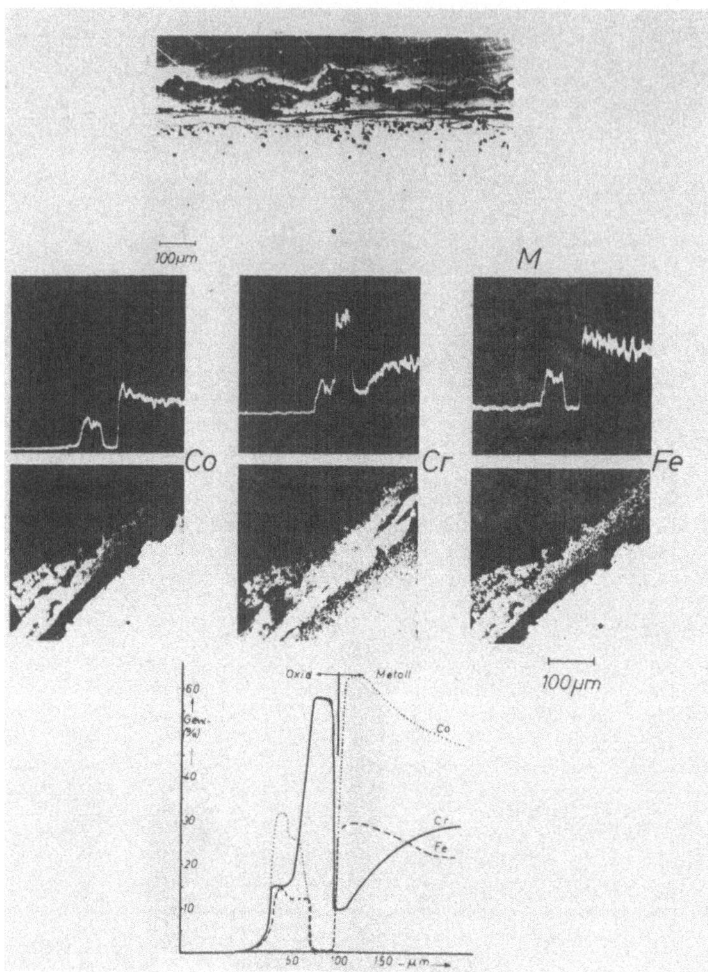

Abb. 42: Auflichtmikroskop- und Elektronenstrahlmikroanalysatoraufnahme einer 50 h bei 1200°C in reinem Sauerstoff oxidierten UMCo 50-Probe im Anschliff sowie das Metall-Konzentrationsprofil im Oxid und in der Metall-Randzone

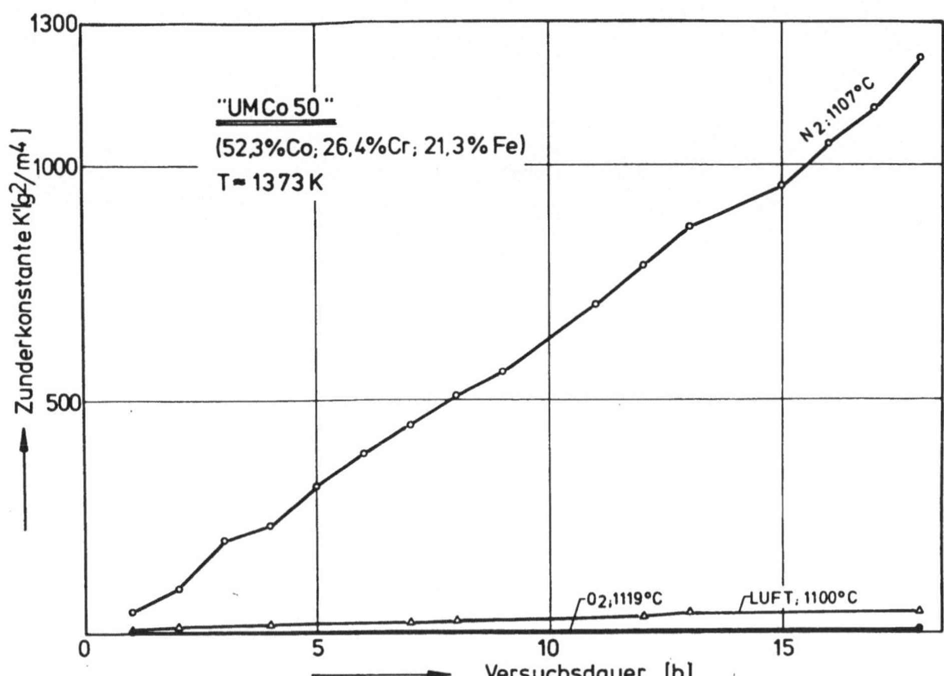

Abb. 43: Oxidationsverhalten von UMCo 50 bei ca. 1100°C in reinem Sauerstoff, in Luft und gereinigtem Stickstoff (0,001 % O_2)

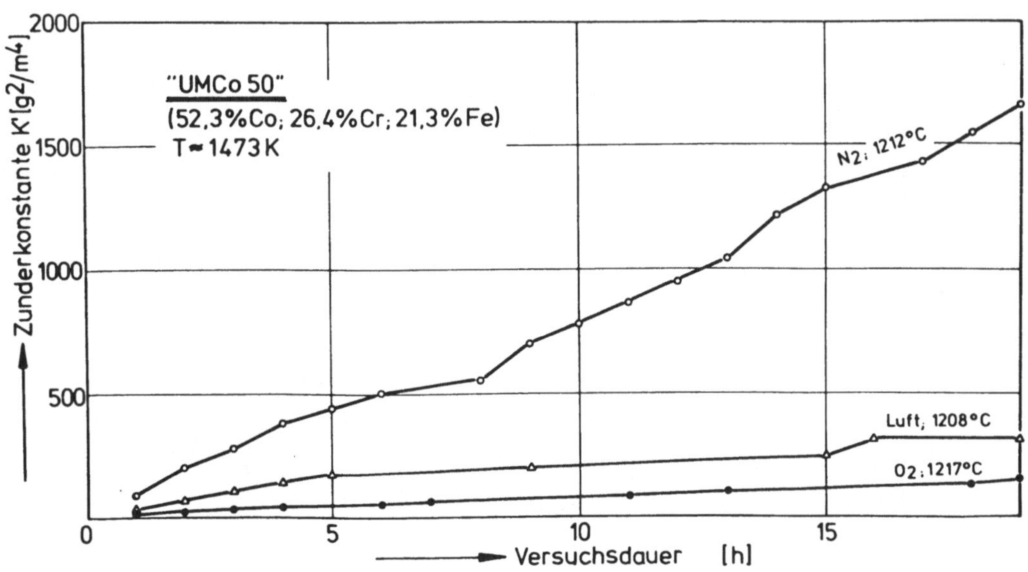

Abb. 44: Oxidationsverhalten von UMCo 50 bei ca. 1200°C in reinem Sauerstoff, in Luft und gereinigtem Stickstoff (0,001 % O_2)

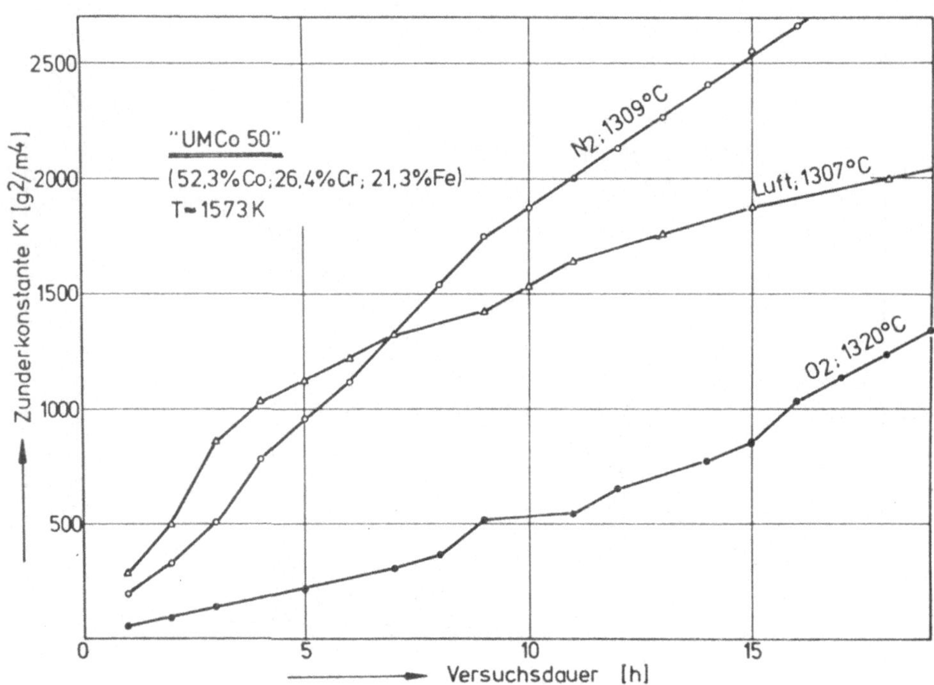

Abb. 45: Oxidationsverhalten von UMCo 50 bei ca. 1300°C in reinem Sauerstoff, in Luft und gereinigtem Stickstoff (0,001 % O_2)

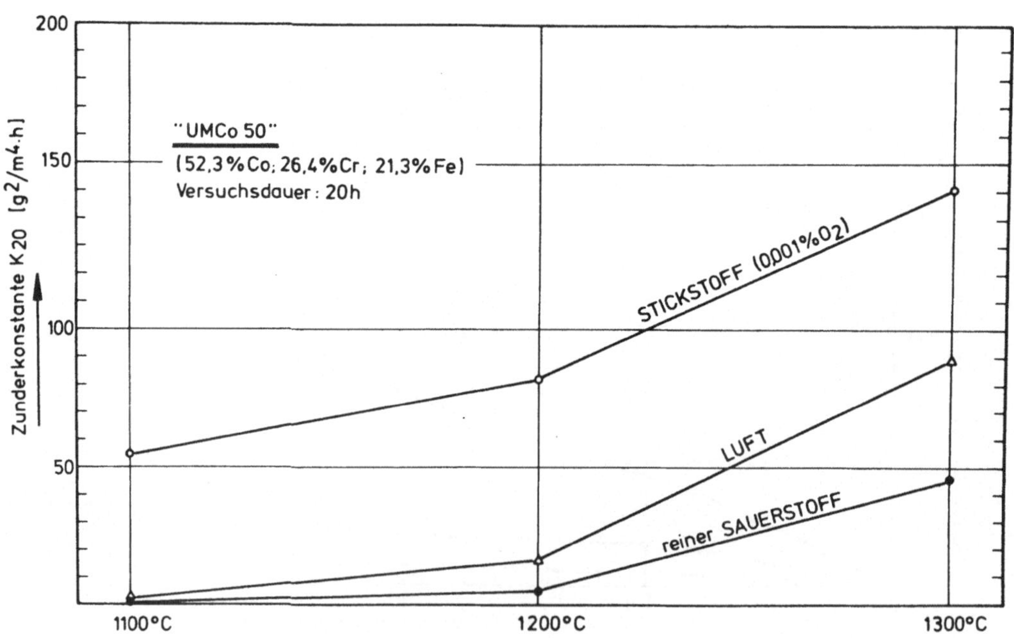

Abb. 46: Wagnersche Zunderkonstanten, K_{20}, von UMCo 50 nach Verzunderung in Stickstoff (0,001 % O_2), in Luft und reinem Sauerstoff bei 1100, 1200 und 1300°C

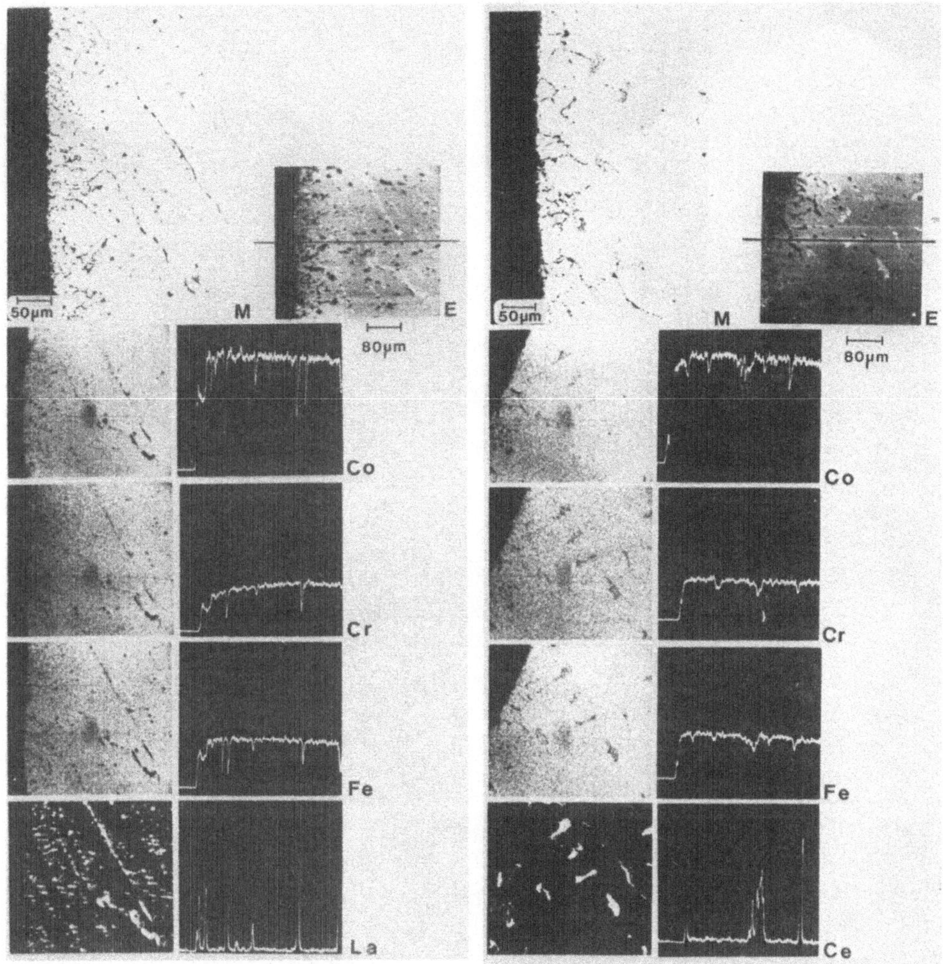

Abb. 47: Auflichtmikroskop- (M) und Elektronenstrahlmikroanalysatoraufnehmen von 20 Stunden oxidierten Proben im Anschliff, links: UMCo 50-0,1 La nach Oxidation in Luft bei ~ 1200°C; rechts: UMCo 50-1,2 La nach Oxidation in reinem Sauerstoff bei ~ 1100°C

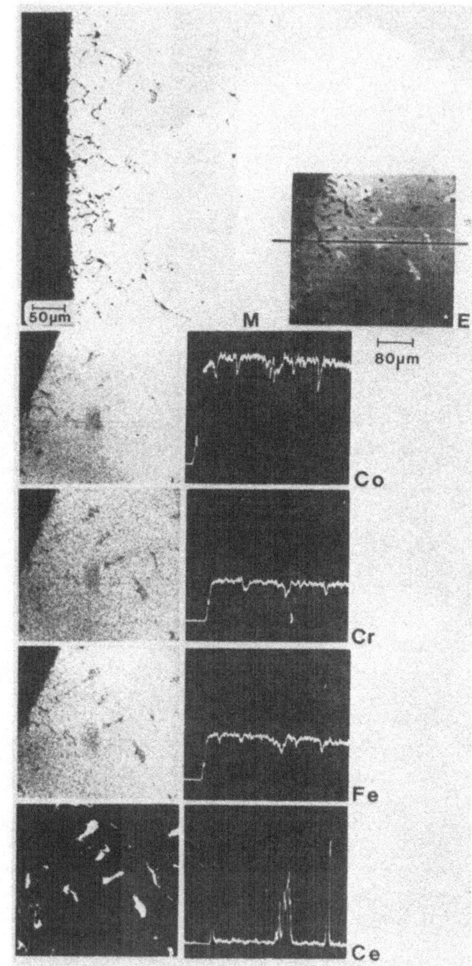

Abb. 48: Auflichtmikroskop- (M) und Elektronenstrahlmikroanalysatoraufnahmen einer 20 h bei ~ 1100°C in Luft oxidierten UMCo 50-0,6 Ce-Probe im Anschliff

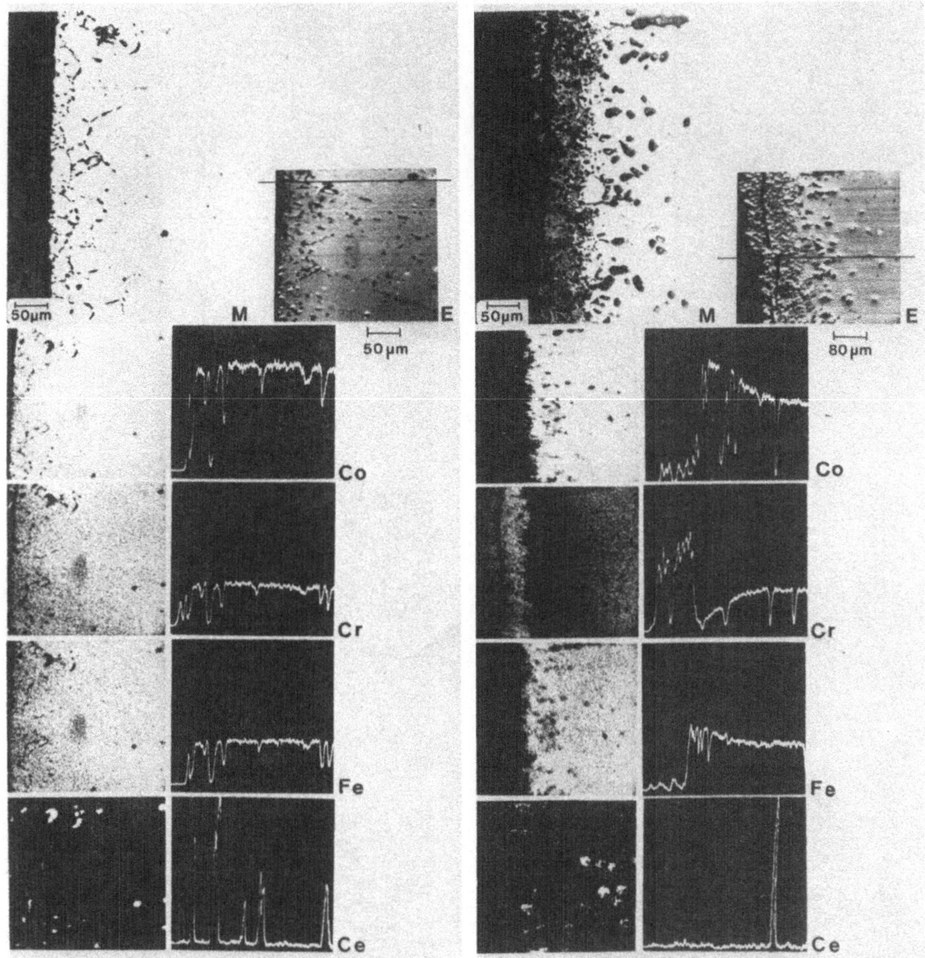

Abb. 49: Auflichtmikroskop- (M) und Elektronenstrahlmikroanalysatoraufnahmen von 20 Stunden oxidierten Proben im Anschliff, links: UMCo 50-0,6 Ce nach Oxidation in Luft bei ~ 1200°C; rechts: UMCo 50-0,6 Ce nach Oxidation in Luft bei ~ 1300°C

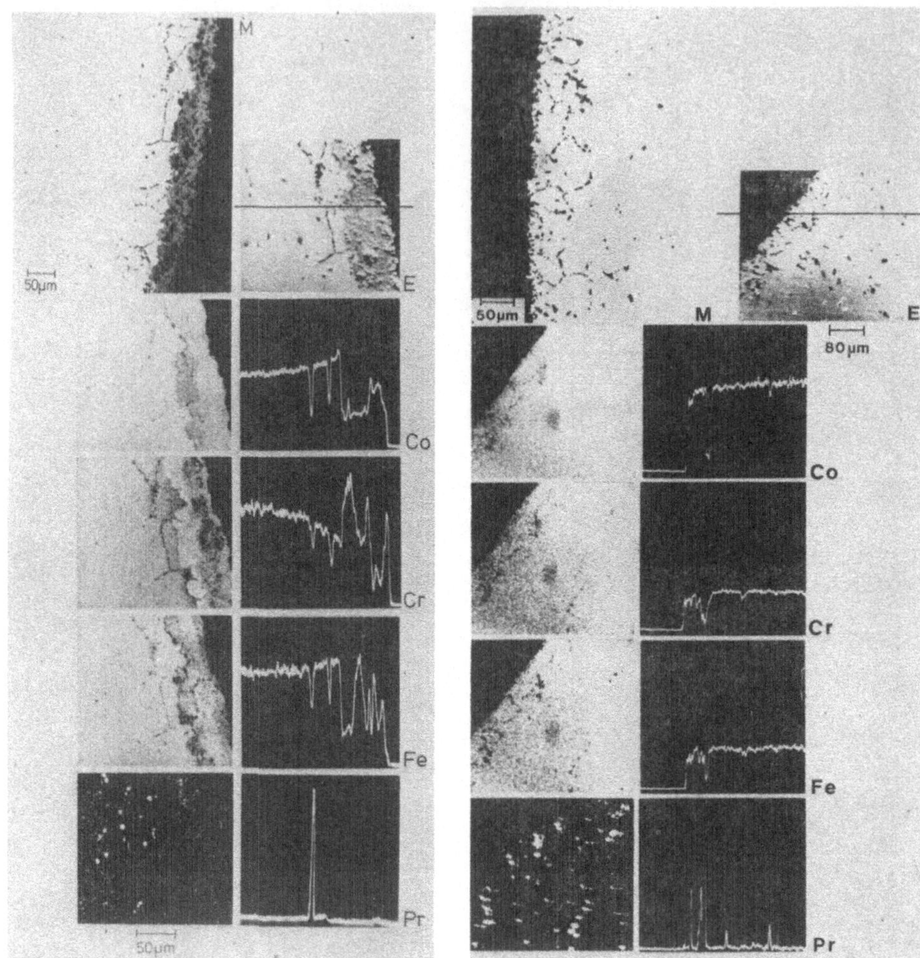

Abb. 50: Auflichtmikroskop- (M) und Elektronenstrahlmikroanalysatoraufnahmen von 20 Stunden oxidierten Proben im Anschliff, links: UMCo 50-0,03 Pr nach Oxidation in reinem Sauerstoff bei ~ 1200°C; rechts: UMCo 50-0,6 Pr nach Oxidation in Luft bei ~ 1200°C

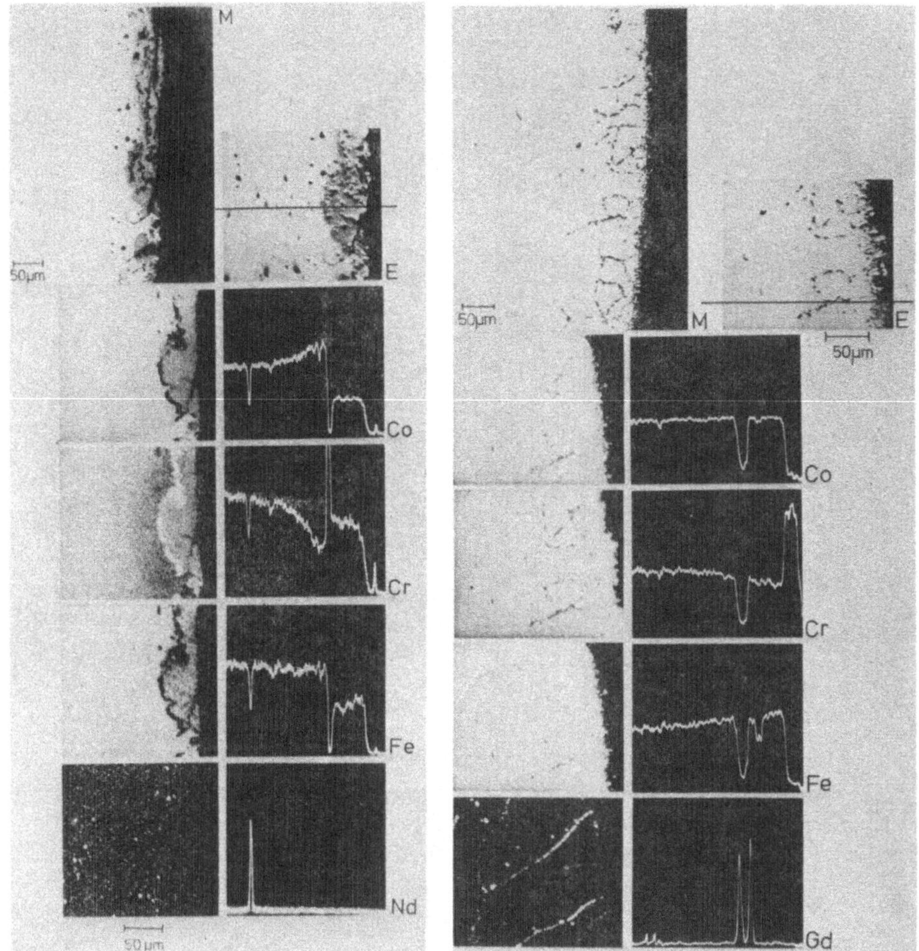

Abb. 51: Auflichtmikroskop- (M) und Elektronenstrahlmikroanalysatoraufnahmen von 20 Stunden oxidierten Proben im Anschliff, links: UMCo 50-0,03 Nd nach Oxidation in reinem Sauerstoff bei ~ 1200°C; rechts: UMCo 50-0,6 Gd nach Oxidation in reinem Sauerstoff bei ~ 1200°C

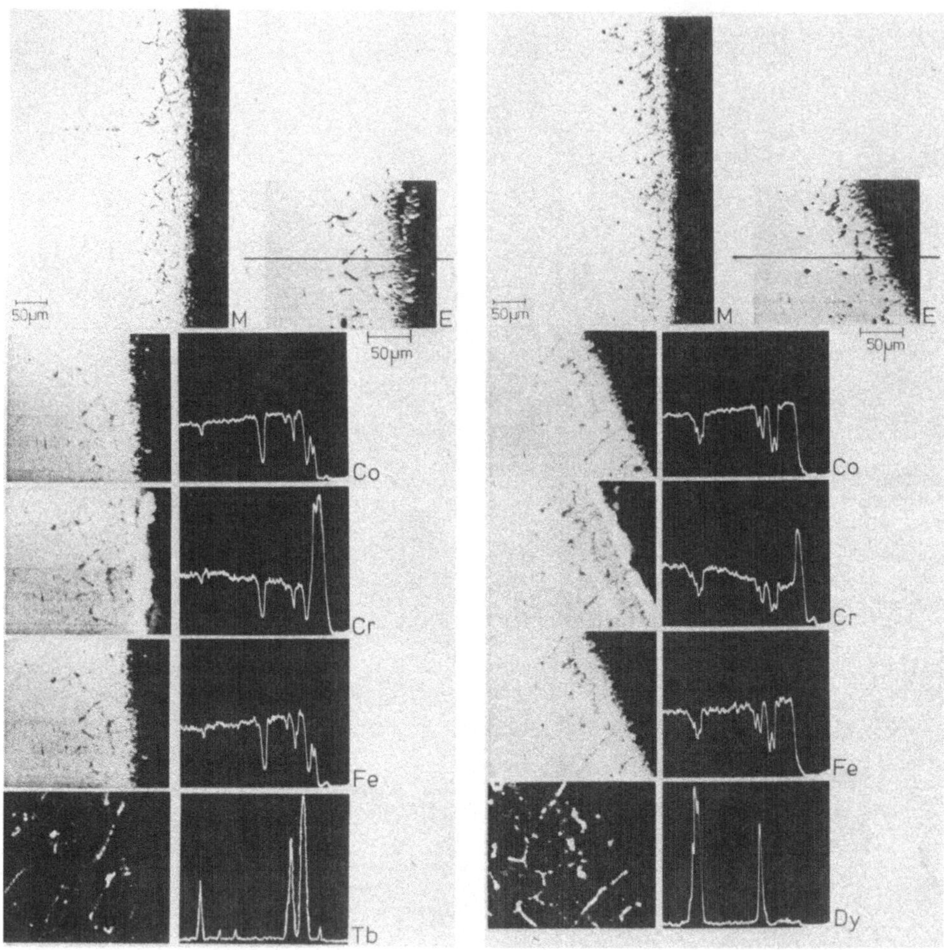

Abb. 52: Auflichtmikroskop- (M) und Elektronenstrahlmikroanalysatoraufnahmen von 20 Stunden oxidierten Proben im Anschliff, links: UMCo 50-0,5 Tb nach Oxidation bei ~ 1200°C in reinem Sauerstoff; rechts: UMCo 50-0,8 Dy nach Oxidation in reinem Sauerstoff bei ~ 1200°C

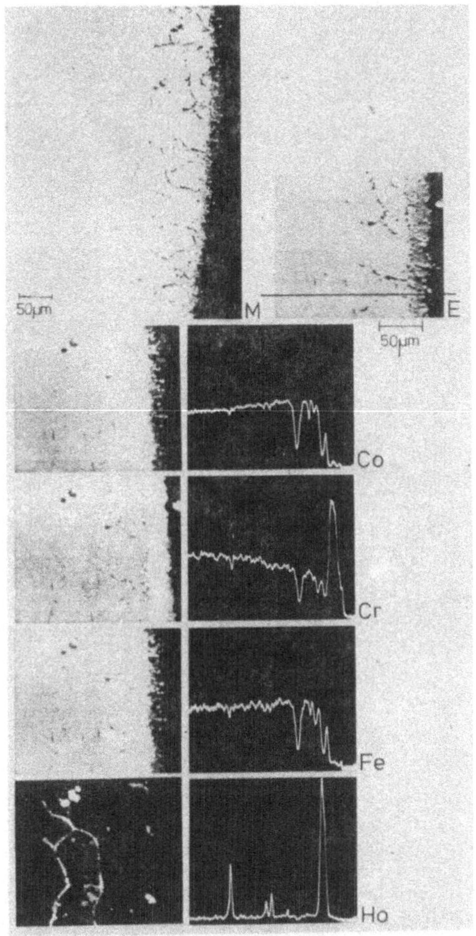

Abb. 53: Auflichtmikroskop- (M) und Elektronenstrahlmikroanalysatoraufnahmen einer 20 Stunden bei ~ 1200°C in reinem Sauerstoff oxidierten UMCo 50-1 Ho-Probe im Anschliff

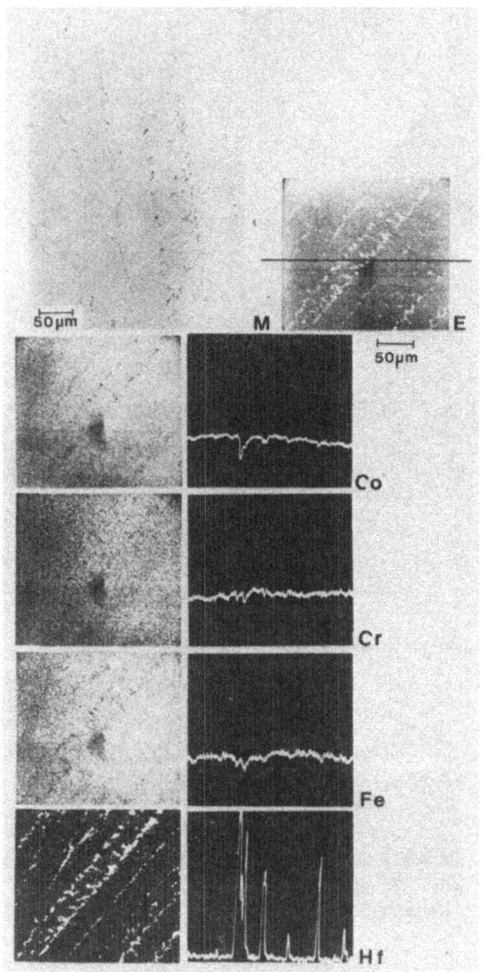

Abb. 54: Ausscheidungsverhalten von Hafnium in einer UMCo 50-0,5 Hf-Legierung anhand von Auflichtmikroskop- (M) und Elektronenstrahlmikroanalysatoraufnahmen eines Anschliffes (nicht oxidiert)

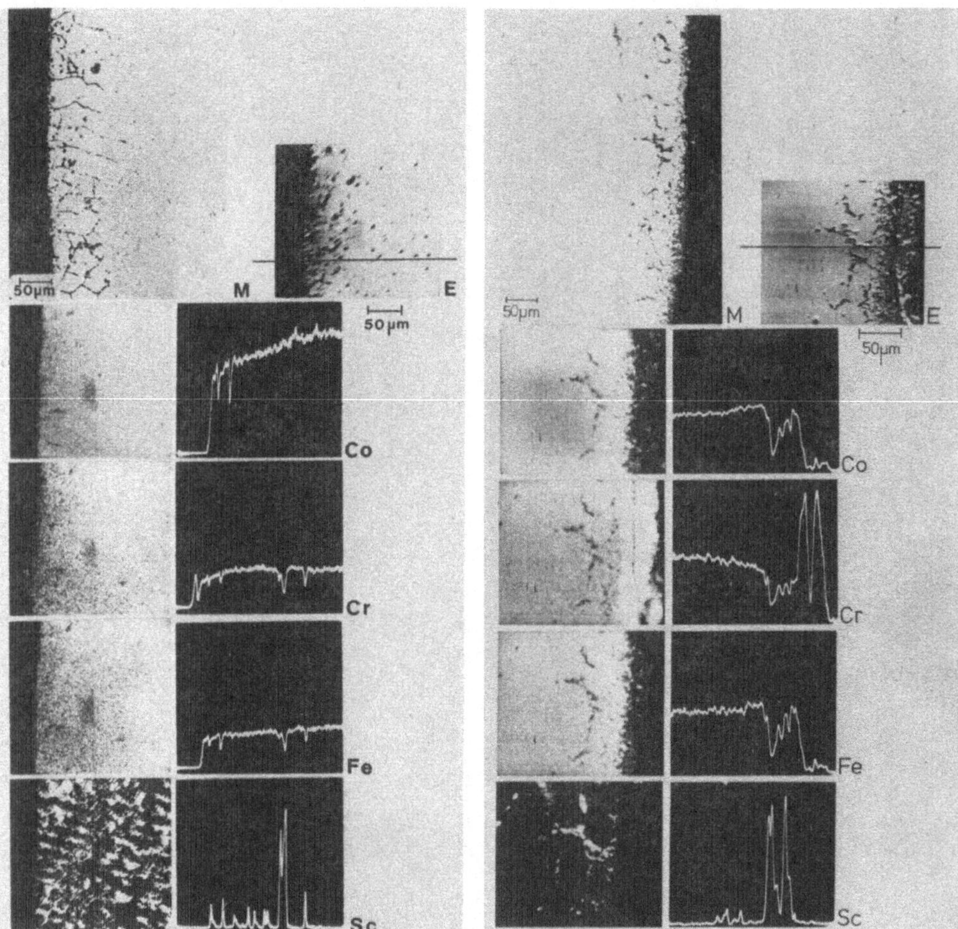

Abb. 55: Auflichtmikroskop- (M) und Elektronenstrahlmikroanalysatoraufnahmen von 20 Stunden oxidierten Proben im Anschliff, links: UMCo 50-0,4 Sc nach Oxidation in Luft bei ~ 1200°C; rechts: UMCo 50-0,4 Sc nach Oxidation in reinem Sauerstoff bei ~ 1200°C

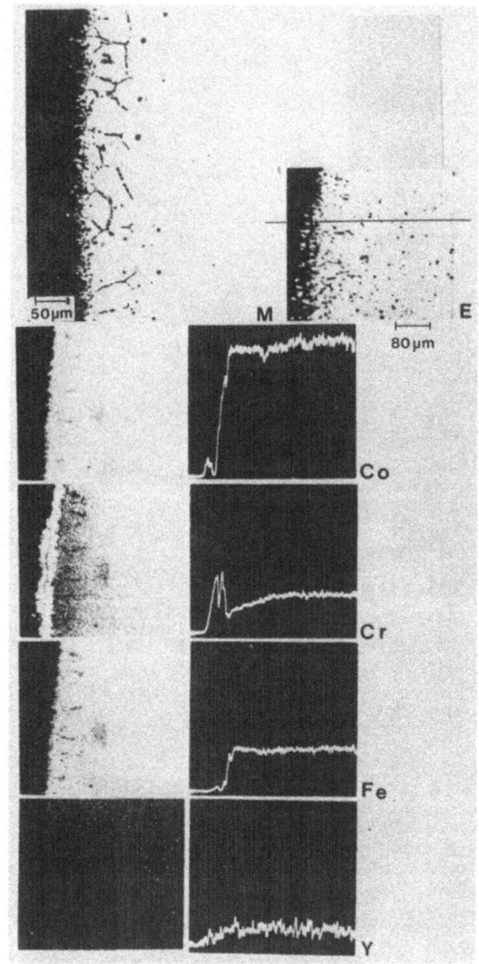

Abb. 56: Auflichtmikroskop- (M) und Elektronenstrahlmikroanalysatoraufnahmen einer 20 Stunden bei ~ 1200°C in Luft oxidierten UMCo 50-0,08 Y-Legierung im Anschliff

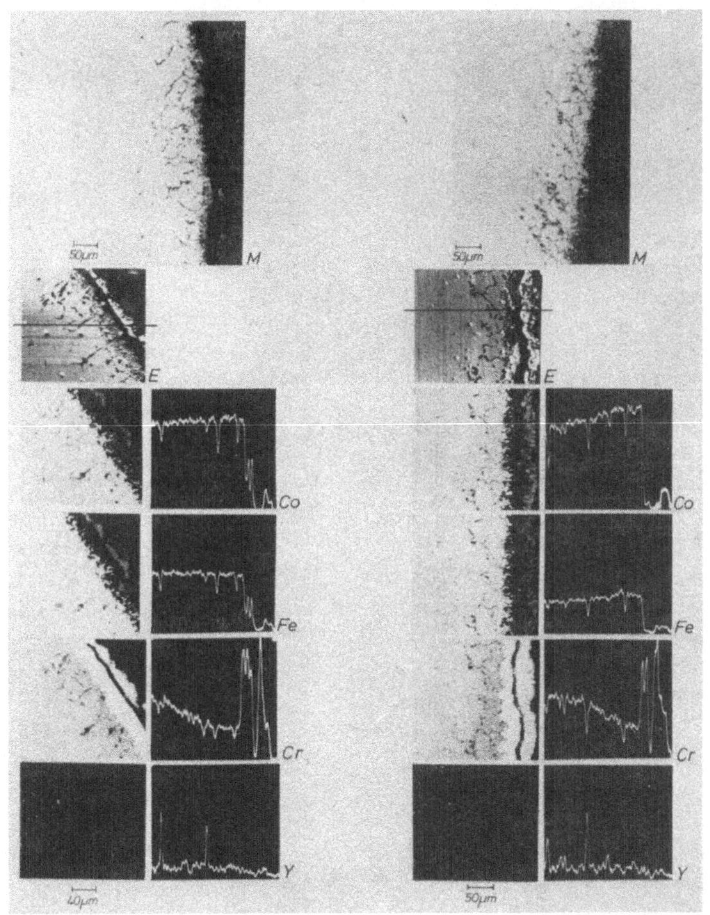

Abb. 57: Auflichtmikroskop- (M) und Elektronenstrahlmikroanalysatoraufnahmen von 20 Stunden oxidierten Proben im Anschliff, links: UMCo 50-0,15 Y nach Oxidation in reinem Sauerstoff bei ~ 1200°C; rechts: UMCo 50-0,7 Y nach Oxidation in reinem Sauerstoff bei ~ 1200°C

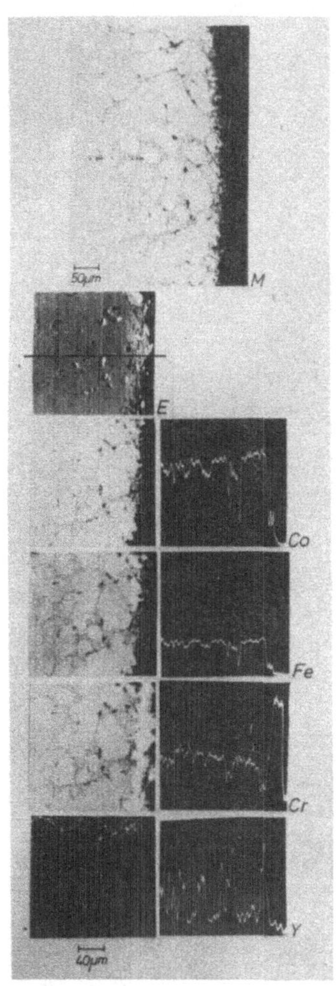

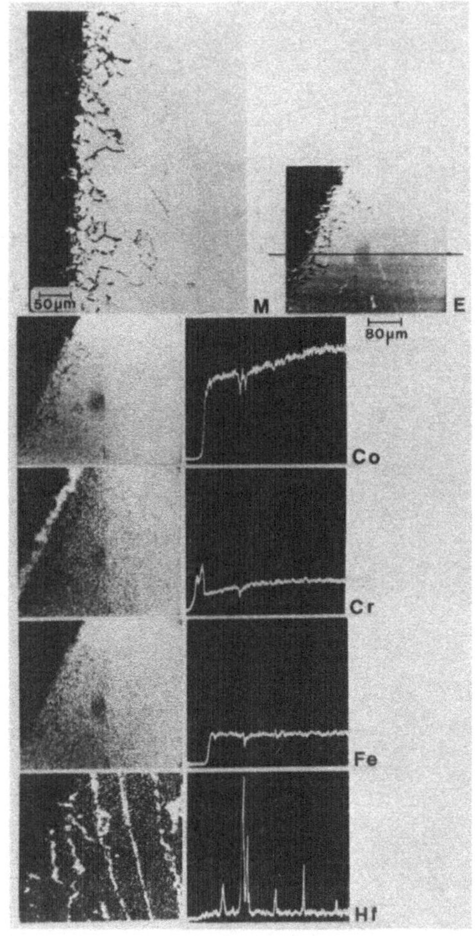

Abb. 58: Auflichtmikroskop- (M) und Elektronenstrahlmikroanalysatoraufnahmen einer 20 Stunden bei ~ 1200°C in reinem Sauerstoff oxidierten UMCo 50-2,2 Y-Legierung im Anschliff

Abb. 59: Auflichtmikroskop- (M) und Elektronenstrahlmikroanalysatoraufnahmen einer 20 Stunden in Luft bei ~ 1200°C oxidierten UMCo 50-0,5 Hf-Legierung im Anschliff

FORSCHUNGSBERICHTE
des Landes Nordrhein-Westfalen

Herausgegeben
vom Minister für Wissenschaft und Forschung

Die „Forschungsberichte des Landes Nordrhein-Westfalen" sind in zwölf Fachgruppen gegliedert:

Geisteswissenschaften
Wirtschafts- und Sozialwissenschaften
Mathematik / Informatik
Physik / Chemie / Biologie
Medizin
Umwelt / Verkehr
Bau / Steine / Erden
Bergbau / Energie
Elektrotechnik / Optik
Maschinenbau / Verfahrenstechnik
Hüttenwesen / Werkstoffkunde
Textilforschung

Die Neuerscheinungen in einer Fachgruppe können im Abonnement zum ermäßigten Serienpreis bezogen werden. Sie verpflichten sich durch das Abonnement einer Fachgruppe nicht zur Abnahme einer bestimmten Anzahl Neuerscheinungen, da Sie jeweils unter Einhaltung einer Frist von 4 Wochen kündigen können.

WESTDEUTSCHER VERLAG
5090 Leverkusen 3 · Postfach 300 620